Organische Chemie im Überblick

Évelyne Chelain   Nadège Lubin-Germain   Jacques Uziel

Organische Chemie im Überblick

Grundwissen in Lerneinheiten

Aus dem Französischen übersetzt von Karin Beifuss

 Springer Spektrum

Titel der Originalausgabe: Maxi fiches de Chimie organique

Die französische Originalausgabe ist erschienen bei Dunod Éditeur S.A., Paris
© Dunod, Paris, 2009

Aus dem Französischen übersetzt von Karin Beifuss

Wichtiger Hinweis für den Benutzer
Der Verlag und die Autoren haben alle Sorgfalt walten lassen, um vollständige und akkurate Informationen in diesem Buch zu publizieren. Der Verlag übernimmt weder Garantie noch die juristische Verantwortung oder irgendeine Haftung für die Nutzung dieser Informationen, für deren Wirtschaftlichkeit oder fehlerfreie Funktion für einen bestimmten Zweck. Der Verlag übernimmt keine Gewähr dafür, dass die beschriebenen Verfahren, Programme usw. frei von Schutzrechten Dritter sind. Die Wiedergabe von Gebrauchsnamen, Handelsnamen, Warenbezeichnungen usw. in diesem Buch berechtigt auch ohne besondere Kennzeichnung nicht zu der Annahme, dass solche Namen im Sinne der Warenzeichen- und Markenschutz-Gesetzgebung als frei zu betrachten wären und daher von jedermann benutzt werden dürften.

Bibliografische Information der Deutschen Nationalbibliothek
Die Deutsche Nationalbibliothek verzeichnet diese Publikation in der Deutschen Nationalbibliografie; detaillierte bibliografische Daten sind im Internet über http://dnb.d-nb.de abrufbar.

12 13 14 15 16   5 4 3 2 1

Planung und Lektorat: Dr. Andreas Rüdinger, Sabine Bartels
Redaktion: Dr. Sonja Bernhart
Satz: TypoDesign Hecker GmbH, Leimen
Umschlaggestaltung: SpieszDesign, Neu-Ulm
Titelbild: © diego cervo – Fotolia.com

ISBN 978-3-8274-2911-7

Inhaltsverzeichnis

Anhang

1 Das Periodensystem der Elemente

Worum es geht:
Periode, Gruppe, Valenzschale, Elektronegativität, Kohlenstoff

1. Allgemeines

Das Periodensystem der Elemente (PSE), das ursprünglich auf Mendelejew und Meyer zurückgeht, ermöglicht die Klassifizierung aller chemischen Elemente entsprechend ihrer Ordnungszahl Z.

Die waagerechten Reihen des PSE bezeichnet man als *Perioden*, die senkrechten Spalten als *Gruppen*.

Elemente derselben Gruppe verfügen über ähnliche chemische Eigenschaften. Der Grund dafür ist, dass die Elemente einer Gruppe in der äußersten mit Elektronen besetzten Schale (sog. *Valenzschale*) über dieselbe Anzahl von Elektronen verfügen. Die Elemente der Gruppe I A sind die Alkalimetalle (Lithium, Natrium, Kalium usw.) mit jeweils einem Elektron in der Valenzschale. Die Elemente der Gruppe II A heißen Erdalkalimetalle (Beryllium, Magnesium, Calcium usw.) und verfügen über zwei Elektronen in der Valenzschale, die Elemente der Gruppe III A über drei usw. bis zur Gruppe VIII A (Neon, Argon usw.), in der die Valenzschale mit acht Elektronen besetzt ist. Die Elemente der letzten Gruppe sind die Edelgase, die aufgrund ihrer vollständig besetzten Valenzschale chemisch inert sind.

I A									VIII A
H	II A			III A	IV A	V A	VI A	VII A	**He**
Li	**Be**			**B**	**C**	**N**	**O**	**F**	**Ne**
Na	**Mg**			**Al**	**Si**	**P**	**S**	**Cl**	**Ar**
K								**Br**	
			Übergangselemente					**I**	

2. Eigenschaften

Mithilfe des PSE lassen sich die charakteristischen Eigenschaften der Elemente vorhersagen. Der Atomradius der Elemente nimmt im PSE von rechts nach links und von oben nach unten zu.

Grob gesagt handelt es sich bei den Elementen auf der linken Seite des PSE um die *Metalle*, die Elemente auf der rechten Seite sind die *Nichtmetalle*.

In der Mitte des Periodensystems befinden sich die Übergangselemente, die hinsichtlich der Besetzung ihrer d- bzw. f-Orbitale übereinstimmen.

Elektronegativität bezeichnet die Fähigkeit eines Elements, in einer chemischen Bindung Elektronenpaare anzuziehen; im PSE nimmt die Elektronegativität von unten nach oben sowie von links nach rechts zu. Das Element mit der höchsten Elektronegativität ist Fluor.

3. Die Organische Chemie

Die Organische Chemie befasst sich mit der Untersuchung von Kohlenstoffverbindungen. Das Kohlenstoffatom (C-Atom) ($Z = 6$) steht in der Gruppe IV A und besitzt demnach vier Elektronen in seiner Valenzschale. Die Elektronenkonfiguration des C-Atoms lautet: $1s^2 2s^2 2p^2$.

Wegen dieser vier Elektronen kann der Kohlenstoff vier kovalente Bindungen ausbilden, und zwar entweder mit weiteren C-Atomen – dies führt zur Bildung von Molekülen, die aus einer mehr oder weniger langen linearen, verzweigten oder cyclischen Kohlenstoffkette bestehen – oder auch mit Atomen anderer Elemente. Die Elemente, die am häufigsten in natürlichen oder unnatürlichen organischen Molekülen vorkommen, sind neben dem Wasserstoff ($Z = 1$) die Elemente Stickstoff (N) und Phosphor (P) (Gruppe V A), Sauerstoff (O) und Schwefel (S) (Gruppe VI A) sowie die Halogene (Gruppe VII A).

$$—\overset{|}{\underset{|}{C}}— \quad \text{oder} \quad \overset{||}{C} \quad \text{oder} \quad =C= \quad \text{oder} \quad —C\equiv$$

Die Elektronenkonfiguration des N-Atoms lautet $1s^2 2s^2 2p^3$ (5 Valenzelektronen). In organischen Molekülen kann der Stickstoff drei kovalente Bindungen mit anderen Atomen ausbilden; zusätzlich besitzt er ein freies Elektronenpaar.

$$—\overset{\cdot\cdot}{N}—$$

Die Elektronenkonfiguration des P-Atoms lautet $1s^2 2s^2 2p^6 3s^2 3p^3$ (5 Valenzelektronen). Phosphor kann entweder drei Bindungen ausbilden – in diesem Fall besitzt er zusätzlich ein freies Elektronenpaar – oder fünf kovalente Bindungen.

$$—\overset{\cdot\cdot}{\underset{|}{P}}— \quad \text{oder} \quad —\overset{\vee}{P}— \quad \text{oder} \quad —\overset{||}{\underset{|}{P}}—$$

Die Elektronenkonfiguration des O-Atoms lautet $1s^2 2s^2 2p^4$ (6 Valenzelektronen). In organischen Molekülen kann der Sauerstoff zwei kovalente Bindungen mit anderen Atomen eingehen und verfügt zusätzlich über zwei freie Elektronenpaare.

$$\overset{\cdot\cdot}{\underset{\cdot\cdot}{O}} \quad \quad =\overset{\cdot\cdot}{\underset{\cdot\cdot}{O}}\!:$$

Die Elektronenkonfiguration des S-Atoms lautet $1s^2 2s^2 2p^6 3s^2 3p^4$ (6 Valenzelektronen). Schwefel kann entweder zwei Bindungen ausbilden – bei zusätzlich zwei freien Elektronenpaaren – oder vier Bindungen bei zusätzlich einem freien Elektronenpaar. Möglich ist aber auch die Ausbildung von sechs kovalenten Bindungen.

$$\overset{\cdot\cdot}{\underset{\cdot\cdot}{S}} \quad \text{oder} \quad \overset{||}{\underset{\cdot\cdot}{S}} \quad \text{oder} \quad —\overset{||}{\underset{||}{S}}—$$

Die Elektronenkonfiguration der Valenzschale der Halogene lautet $ns^2 np^5$ [mit n = 2 für Fluor (F), n = 3 für Chlor (Cl), n = 4 für Brom (Br) und n = 5 für Iod (I)]. Die Halogene verfügen also über sieben Valenzelektronen. In organischen Molekülen bilden sie eine kovalente Bindung und haben zusätzlich drei freie Elektronenpaare.

$$:\!\overset{\cdot\cdot}{\underset{\cdot\cdot}{X}}— \quad \quad \text{wobei X = F, Cl, Br oder I}$$

Die chemische Bindung

Worum es geht:
Lewis-Strukturen, Oktettregel, Gillespie, VSEPR-Modell

1. Lewis-Strukturen

Atome gehen durch Wechselwirkung der Elektronen ihrer Valenzschalen untereinander Bindungen ein. Durch Wechselwirkungen zweier Elektronen kommt es zur Ausbildung einer **kovalenten Bindung**. Eine solche Bindung wird durch einen Strich dargestellt.

Lewis-Strukturen sind eine Molekülschreibweise, mit der sich Bindungen und freie Elektronenpaare einfach darstellen lassen.

$$H-H \qquad :\!\ddot{F}-\ddot{F}\!:$$

▶ **Oktettregel**

Bei den Atomen der zweiten Periode im PSE (n = 2) muss bei den Lewis-Strukturen die Oktettregel berücksichtigt werden, d. h. ihre Valenzschale muss mit jeweils acht Elektronen gefüllt sein. Bei den Atomen ab der dritten Periode gilt, dass ihre Valenzschale aufgrund der Existenz von d-Orbitalen unter bestimmten Bedingungen mit mehr als acht Elektronen besetzt sein kann.

▶ **Beispiele**

$$\begin{array}{c} \text{H} \\ | \\ \text{H}-\text{C}-\text{H} \\ | \\ \text{H} \end{array} \qquad \begin{array}{c} \text{H} \\ \diagdown \\ \diagup \text{C}=\ddot{\text{O}}: \\ \text{H} \end{array} \qquad \begin{array}{c} :\!\ddot{\text{F}}: \quad :\!\ddot{\text{F}}: \\ :\!\ddot{\text{F}}-\text{P} \\ :\!\ddot{\text{F}}: \quad :\!\ddot{\text{F}}: \end{array}$$

Das C-Atom in CH_4 bildet vier Kohlenstoff-Wasserstoff-Bindungen aus und besitzt dann $4 \times 2 = 8$ Elektronen in der Valenzschale.

Im CH_2O-Molekül bildet das C-Atom zwei Kohlenstoff-Wasserstoff-Bindungen sowie eine Doppelbindung mit dem O-Atom aus und verfügt damit über $(2 \times 2) + 4 = 8$ Elektronen in der Valenzschale; das O-Atom in CH_2O geht eine Doppelbindung mit dem C-Atom ein, was zu $4 + (2 \times 2) = 8$ Elektronen in der Valenzschale führt.

Im PF_5-Molekül bildet das P-Atom fünf Phosphor-Fluor-Bindungen aus und besitzt demnach $5 \times 2 = 10$ Elektronen in der Valenzschale (P ist ein Element der dritten Periode); die einzelnen F-Atome gehen je eine Phosphor-Fluor-Bindung ein und besitzen jeweils drei freie Elektronenpaare; das ergibt $2 + (3 \times 2) = 8$ Elektronen in der Valenzschale.

2. Räumliche Darstellung von Molekülen: Das VSEPR-Modell

Durch Anwendung der von Gillespie entwickelten Regeln zur Theorie der *Valenzschalen-Elektronenpaar-Abstoßung* (VSEPR, *Valence Shell Electron Pair Repulsion*) lässt sich die Geometrie eines Moleküls vorhersagen.

Nach dieser Theorie muss um ein Zentralatom A herum die Anzahl n der Nachbaratome X sowie die Anzahl m der freien Elektronenpaare E von A berücksichtigt werden. Die Geometrie des Moleküls AX_nE_m mit dem Zentralatom A hängt von der Summe $n + m$ ab, und zwar so, dass der Abstand zwischen den Atomen X und den Elektronenpaaren E möglichst groß ist.

▶ **Beispiel**

Das Methanmolekül (CH_4) ist tetraedrisch aufgebaut; die C-Atome im Ethen ($CH_2=CH_2$) haben jeweils trigonale und die im Ethin ($HC\equiv CH$) lineare Geometrie.

$n + m$	Formel	Geometrie	Darstellung	Winkel XAX	Beispiel
2	AX_2	linear	X—A—X	180°	BeH_2
3	AX_3	trigonal-planar		120°	$BeCl_3$
	AX_2E	gewinkelt		< 120°	O_3
4	AX_4	tetraedrisch		≅109°	CH_4
	AX_3E	pyramidal		≅107°	NH_3
	AX_2E_2	gewinkelt		≅105°	H_2O
5	AX_5	trigonal-bipyramidal		90° und 120°	BrF_5
	AX_4E	„Wippe", trigonal-bipyramidal		90° und < 120°	SF_4
	AX_3E_2	T-förmig		90°	BrF_3
	AX_2E_3	linear		180°	XeF_2
6	AX_6	oktaedrisch		90°	XeF_6
	AX_5E	quadratisch-pyramidal		< 90°	IF_5
	AX_4E_2	quadratisch-planar		90°	XeF_4

3 Hybridisierung

Worum es geht:
Orbitale, Hybridisierung, sp^3, sp^2, sp

Chemische Bindungen entstehen durch Überlappung von Atomorbitalen. Beim C-Atom ($Z = 6$) mit der Elektronenkonfiguration $1s^2 2s^2 2p^2$ sind an der Überlappung die Valenz-Atomorbitale s und p beteiligt.

Um die Entstehung der verschiedenen Bindungen zwischen Atomen besser zu verstehen, wurde in der Organischen Chemie die Theorie der *Hybridisierung* entwickelt. Dabei geht es um die Hybridisierung („Mischung") von s- und p-Orbitalen eines Atoms, um neue Orbitale vom Typ sp^n (mit n = 1, 2 oder 3) zu bilden. Die Anzahl der Hybridorbitale entspricht der Anzahl der an der Hybridisierung beteiligten Orbitale.

Wenn das s-Orbital des C-Atoms mit seinen drei p-Orbitalen hybridisiert wird, erhält man vier neue gleichwertige sp^3-Hybridorbitale gleicher Energie, bei denen – wie in einem regelmäßigen Tetraeder – zwischen den Achsen der Orbitallappen Winkel von 109° auftreten.

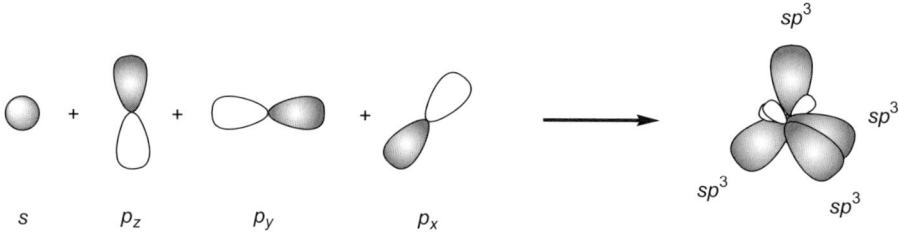

Wenn das s-Orbital mit zwei p-Orbitalen hybridisiert wird, ergeben sich drei neue gleichwertige sp^2-Hybridorbitale, bei denen – wie in einem gleichseitigen Dreieck – zwischen den Achsen der Orbitallappen Winkel von 120° vorliegen. In diesem Fall bleibt ein p-Orbital des Kohlenstoffs unverändert; die Achse dieses Orbitals steht senkrecht zu der Ebene, die durch die drei sp^2-Hybridorbitale aufgespannt wird.

Wird das s-Orbital nur mit einem p-Orbital hybridisiert, erhält man zwei neue gleichwertige sp-Hybridorbitale, bei denen der Winkel zwischen den Achsen der Orbitallappen 180° beträgt. In diesem Fall bleiben zwei p-Orbitale unverändert, wobei ihre Achsen sowohl zueinander als auch zur Achse der sp-Orbitale senkrecht angeordnet sind.

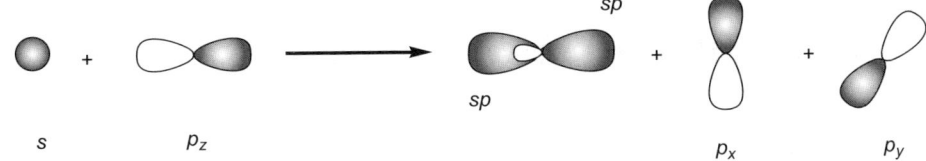

Damit kennen wir nun für das C-Atom drei verschiedene Geometrien: die tetraedrische, die trigonal-planare und die lineare Geometrie. Eine chemische Bindung entsteht dadurch, dass die Orbitale der an der Bindung beteiligten Atome überlappen. So entstehen die C–H-Bindungen des Methans (CH_4) durch frontale (oder koaxiale) Überlappung der sp^3-Orbitale des C-Atoms mit den $1s$-Orbitalen der vier H-Atome. Diese Bindungen werden σ-Bindungen genannt.

sp^3

Methan

sp^2 sp^2

Ethen
(Ethylen)

H–C≡C–H

sp sp

Ethin
(Acetylen)

π-Bindung

σ-Bindung

π-Bindung

π-Bindung
σ-Bindung

Im Ethen (C_2H_4) sind beide C-Atome sp^2-hybridisiert und bilden durch frontale Überlappung mit den $1s$-Orbitalen von zwei H-Atomen und mit einem sp^2-Orbital des anderen C-Atoms jeweils drei σ-Bindungen aus. Das bedeutet, dass jedes C-Atom noch über ein nichthybridisiertes p-Orbital verfügt, das senkrecht zur Molekülebene steht und durch laterale Überlappung mit dem p-Orbital des zweiten C-Atoms eine π-Bindung ausbildet. Genau diese zwei Bindungen machen die C–C-Doppelbindung aus.

Im Ethin (C_2H_2) sind beide C-Atome sp-hybridisiert und bilden durch frontale Überlappung mit dem $1s$-Orbital des H-Atoms und einem sp-Orbital des anderen C-Atoms jeweils zwei σ-Bindungen aus. Folglich verfügt jedes C-Atom noch über zwei nichthybridisierte p-Orbitale, die senkrecht zueinander sowie zur Molekülachse angeordnet sind. Durch laterale Überlappung mit den zwei p-Orbitalen des anderen C-Atoms kommt es zur Bildung von zwei π-Bindungen. Genau diese drei Bindungen machen die C–C-Dreifachbindung aus.

Achtung: Im Gegensatz zu Molekülen mit sp^3-hybridisierten C-Atomen, die freie Drehbarkeit um die C–C-Einfachbindung besitzen, ist bei Doppel- oder Dreifachbindungen aufgrund der π-Bindungen keine Drehbarkeit gegeben.

4 Schwache Wechselwirkungen

> **Worum es geht:**
> Van-der-Waals-Kräfte, Keesom-Wechselwirkung (Dipol-Dipol-Kräfte), Debye-Wechselwirkung, London-Wechselwirkung

Im Gegensatz zu den starken, d. h. den kovalenten und ionischen, Bindungen, in denen die Energie etliche hundert Kilojoule beträgt, existieren zwischen Molekülen sog. schwache Wechselwirkungen mit Energien im Bereich von einigen hundert Joule.

Mithilfe dieser schwachen Wechselwirkungen lassen sich verschiedene physikalische und chemische Eigenschaften verschiedener Klassen von chemischen Verbindungen erklären. Es gibt zwei Arten von schwachen Wechselwirkungen: Van-der-Waals-Kräfte und Wasserstoffbrückenbindungen.

1. Van-der-Waals-Kräfte

Diese intermolekularen Wechselwirkungen beruhen auf drei verschiedenen Phänomenen:

▶ **Keesom-Wechselwirkung**

Diese Wechselwirkung zwischen zwei permanenten Dipolen tritt im Fall polarer Moleküle (z. B. bei Alkoholen) auf. Sie ist der Grund dafür, dass die Temperaturen, bei denen Zustandsänderungen (Schmelzpunkt, Siedepunkt) beobachtet werden, bei polaren Molekülen im Allgemeinen höher liegen als bei entsprechenden unpolaren Molekülen.

▶ **Debye-Wechselwirkung**

Diese Wechselwirkung zwischen einem permanenten Dipol und einem induzierten Dipol tritt zwischen einem polaren und einem unpolaren Molekül auf, wenn das elektrische Feld, das durch das polare Molekül induziert wird, das unpolare Molekül polarisiert.

▶ **London-Wechselwirkung**

Diese Wechselwirkung zwischen einem momentanen und einem induzierten Dipol oder zwischen zwei momentanen Dipolen tritt zwischen zwei unpolaren Molekülen auf. Obwohl ein unpolares Molekül ein mittleres Dipolmoment von Null aufweist, hat es aufgrund der Elektronenbewegung stets ein Dipolmoment größer Null. So kommt es dann zu einer Wechselwirkung mit einem anderen unpolaren Molekül, das ein momentanes Dipolmoment aufweist, oder mit einem Molekül, in dem ein Dipolmoment induziert wird.

2. Wasserstoffbrückenbindungen

Unter einer Wasserstoffbrückenbindung versteht man die Bindung zwischen einem H-Atom, das an ein elektronegatives Atom (meist N oder O) gebunden ist, und einem nichtbindenden Elektronenpaar eines elektronegativen Atoms (meist N oder O). Man kennt sowohl *intramolekulare* (zwischen zwei Bestandteilen desselben Moleküls) als auch *intermolekulare* (zwischen zwei Molekülen bestehende) Wasserstoffbrückenbindungen.

Das Auftreten von Wasserstoffbrückenbindungen erklärt den außergewöhnlich hohen Siedepunkt von Wasser. H_2O ist ein kleines Molekül (M = 18 g·mol^{-1}). Sein Siedepunkt von 100 °C hat nichts mit dem des Methans CH_4 (M = 16 g·mol^{-1}) zu tun, der bei −162 °C liegt. Wasser bildet ein durch Wasserstoffbrückenbindungen verknüpftes Netzwerk, in dem die O-Atome an jeweils vier H-Atome gebunden sind; zwei davon sind über kovalente O–H-Bindungen, die beiden anderen über Wasserstoffbrückenbindungen mit dem Sauerstoff verknüpft.

Also muss für den Übergang vom flüssigen in den gasförmigen Zustand, in dem die Moleküle weiter voneinander entfernt sind, eine beträchtliche Menge an Energie aufgebracht werden, um die Wasserstoffbrückenbindungen aufzubrechen. So erklärt sich der hohe Siedepunkt von Wasser.

Ferner erklärt das Auftreten von Wasserstoffbrückenbindungen die vergleichsweise hohen Siedepunkte von Alkoholen und Aminen (Kapitel 33 und Kapitel 37). Auch die charakteristische Struktur bestimmter Moleküle ist auf das Vorhandensein von Wasserstoffbrückenbindungen zurückzuführen. Ein ganz besonderer Fall ist die DNA, welche die Struktur einer Doppelhelix aufweist. Sie ist aus zwei Einzelsträngen aufgebaut, die über Wasserstoffbrückenbindungen – zwischen den Basen Adenin (A) und Thymin (T) sowie zwischen den Basen Cytosin (C) und Guanin (G) (Kapitel 59) – miteinander verbunden sind.

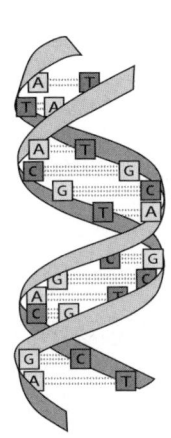

Adenin

Thymin

Cytosin

Guanin

Allgemeines zur Nomenklatur

Worum es geht:
Monofunktionelle, cyclische und acyclische Verbindungen

Abgesehen vom H-Atom kann jedes Atom Bindungen mit mehreren anderen Atomen eingehen: Es gibt unendlich viele Möglichkeiten der Verknüpfung. Man unterscheidet Verbindungen, die funktionelle Gruppen enthalten (solche, die chemische Umwandlungen eingehen können), und andere, die das Grundgerüst des Moleküls darstellen. Diese Komplexität verlangt nach Regeln für die Klassifizierung und Benennung von Molekülen.

1. Benennung eines Moleküls

Nehmen wir als Beispiel das Naturprodukt Carvon, das in Kümmelöl vorkommt. Strukturell handelt es sich um ein ungesättigtes cyclisches Keton mit einer Methylgruppe und einer Isopropylgruppe als Substituenten. Nach den IUPAC-Regeln wird es (*S*)-5-Isopropyl-2-methylcyclohex-2-en-1-on genannt. Der Name setzt sich aus vier Teilen zusammen:

(*S*)-5-Isopropyl-2-methylcyclohex-2-en-1-on
      4   3   2   1

(1) funktionelle Gruppe mit der höchsten Priorität
(2) längste Kohlenstoffkette, welche die funktionelle Gruppe trägt
(3) Substituenten in alphabetischer Reihenfolge sowie die übrigen funktionellen Gruppen
(4) Angabe der Stereochemie

2. Kohlenstoffketten

Anzahl der Kohlenstoffatome	Wortstamm	Substituent		Alkan	Alken	Alkin
		R-yl	RO-oxy			
1	Meth	Methyl	Methoxy	Methan		
2	Eth	Ethyl	Ethoxy	Ethan	Ethen	Ethin
3	Prop	Propyl	Propoxy	Propan	Propen	Propin
4	But	Butyl	Butoxy	Butan	Buten	Butin
5	Pent	Pentyl	Pentoxy	Pentan	Penten	Pentin
6	Hex	Hexyl	Hexoxy	Hexan	Hexen	Hexin
7	Hept	Heptyl	Heptoxy	Heptan	Hepten	Heptin
8	Oct	Octyl	Octoxy	Octan	Octen	Octin
9	Non	Nonyl	Nonoxy	Nonan	Nonen	Nonin
10	Dec	Decyl	Decoxy	Decan	Decen	Decin
11	Undec	Undecyl	Undecoxy	Undecan	Undecen	Undecin
12	Dodec	Dodecyl	Dodecoxy	Dodecan	Dodecen	Dodecin
15	Pentadec	Pentadecyl	Pentadecoxy	Pentadecan	Pentadecen	Pentadecin
20	Eicos	Eicosyl	Eicosoxy	Eicosan	Eicosen	Eicosin

Der Name der längsten Kohlenstoffkette (Hauptkette) und der Substituenten setzt sich zusammen aus einem Wortstamm, der die Anzahl der C-Atome wiedergibt, und einer Endung, welche die chemische Funktion (*-an* für Alkan, *-en* für Alken und *-in* für Alkin) angibt, oder *-yl* für ein Radikal.

3. Bezifferung

Die Bezifferung der längsten Kohlenstoffkette beginnt mit der funktionellen Gruppe, und zwar so, dass man ihr die niedrigste Positionsziffer zuordnet. Dies erlaubt die eindeutige Zuordnung der Substituenten sowie der übrigen funktionellen Gruppen (Anhang A2).

Für einen Substituenten, der selbst substituiert ist oder eine andere funktionelle Gruppe trägt, kann man eine Unternummerierung verwenden. In diesem Fall beginnt die Nummerierung mit dem C-Atom, das mit der Hauptkette verknüpft ist; ihm wird die niedrigste Positionsziffer zugeordnet:

5-(2'-Dimethylaminopropyl)decansäure

Merke: Die vervielfachenden Präfixe Di-, Tri-, Tetra- usw. werden verwendet, wenn mehrere identische Substituenten oder andere funktionelle Gruppen in einem Molekül vorhanden sind. In der alphabetischen Reihung der Substituenten bleiben diese Präfixe unberücksichtigt.

4. Substituenten

Besteht ein Substituent aus mehreren C-Atomen, so kann er auch verzweigt sein. Damit ergeben sich für die Butylgruppe folgende Möglichkeiten:

n-Butyl $CH_3-CH_2-CH_2-CH_2$

iso-Butyl $CH_3-CH-CH_2-$ (mit CH_3 oben)

sec-Butyl CH_3-CH_2-CH- (mit CH_3 oben)

tert-Butyl CH_3-C- (mit CH_3 oben und CH_3 unten)

Die Präfixe *n, sec, iso* und *tert* werden in alphabetischer Reihenfolge aufgeführt

Hier noch einige weitere wichtige Substituenten:

Benzyl   Phenyl   Allyl   Vinyl

Nomenklatur polyfunktioneller Moleküle

Worum es geht:
Polyfunktionelle Verbindungen, Priorität, Klassifikation, Suffix, Präfix, Trivialname

Die große Mehrzahl der natürlich vorkommenden Moleküle besitzt mehrere funktionelle Gruppen sowie komplexe Kohlenstoffketten.

1. Die Priorität von funktionellen Gruppen

Nehmen wir als Beispiel ein bifunktionelles Molekül:

Wenn man nach den Regeln in Kapitel 5 vorgeht, stellt sich die Frage, ob man dieses Molekül als Säure oder als Keton benennt. Wie soll man die Position der funktionellen Gruppen in der Kohlenstoffkette angeben? Die IUPAC-Regeln geben die genaue Reihenfolge der Priorität der funktionellen Gruppen an, die teilweise auf dem Oxidationszustand des C-Atoms basiert, das die funktionelle Gruppe trägt. So hat eine Säure eine höhere Priorität als ein Keton (oder ein Aldehyd), das (der) wiederum eine höhere Priorität hat als ein Alkohol. Für die wichtigsten funktionellen Gruppen gibt es Suffixe, die am Ende des Namens stehen. Funktionelle Gruppen ohne Priorität werden durch ein Präfix benannt und zusammen mit den Substituenten vor den Namen der Kohlenstoffkette gestellt.

Priorität	Funktionelle Gruppe		Präfix	Suffix
	Name	Chemische Formel		
1	Carbonsäure	–COOH	Carboxy-	-säure
2	Ester	–COOR	Oxycarbonyl-	-säure(-R)-ester
3	Säurechlorid	–COCl	Chloroformyl-	-oylchlorid
4	Amid	–CONH$_2$	Carbamoyl-	-amid
5	Nitril	–CN	Cyano-	-nitril
6	Aldehyd	–CHO	Formyl-	-al
7	Keton	–CO–	Oxo-	-on
8	Alkohol	–OH	Hydroxy-	-ol
9	Thiol	–SH	Mercapto-	-thiol
10	Amin	–NH$_2$	Amino-	-amin
11	Imin	–C=NH	Imino-	-imin
12	Ether	–OR	Oxy-	-ether
13	Sulfid	–SR	Thio-	-sulfid

Die Nummerierung der längsten Kohlenstoffkette erfolgt so, dass die funktionelle Gruppe mit der höchsten Priorität die niedrigste Ziffer erhält. Wenn die terminale funktionelle Gruppe ein C-Atom enthält (Aldehyde, Säuren, Ester, Amide, Säurechloride, Nitrile), wird dem Kohlenstoff der funktionellen Gruppe mit der höchsten Priorität die Ziffer 1 zugeordnet. Die Nummerierung erlaubt Angaben zur Position von ungesättigten Gruppen, Substituenten und rang-niederen funktionellen Gruppen sowie Angaben zur Stereochemie (Anhang 2). Das Molekül heißt demnach: 4-Oxopentansäure.

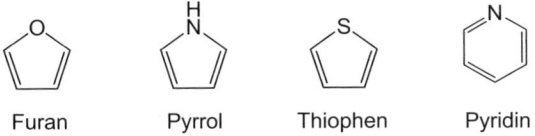

2. Cyclische Moleküle

Für cyclische nichtaromatische Moleküle gibt es eigene Namen, die sich nach der Art des Heteroatoms im Ring sowie der Anzahl der C-Atome richten:

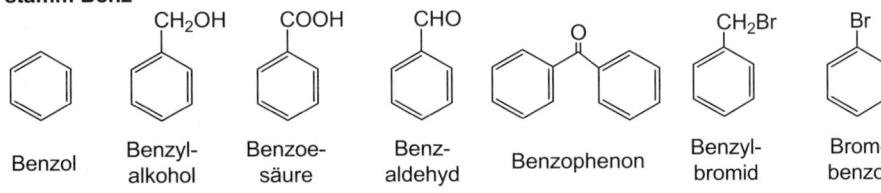

Andererseits gibt es verschiedene cyclische aromatische Moleküle, die sich vom Benzol ab-leiten oder auch nicht und die Trivialnamen tragen:

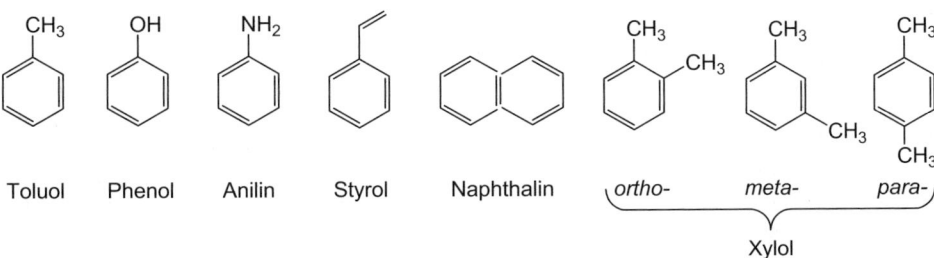

Namen mit dem Wort-stamm Benz-

Trivialnamen

7 Molekülschreibweisen

Worum es geht:
Summenformel, Strukturformel, Skelettformel

Organische Moleküle lassen sich auf verschiedene Art und Weise mehr oder weniger detailliert darstellen. Die **Summenformel** eines Moleküls gibt Art und Anzahl der in einer Verbindung vorkommenden Atome an; sie gibt keine Auskunft darüber, wie die Atome im Molekül verknüpft sind. Mehrere Verbindungen können ein und dieselbe Summenformel haben, d. h. dass die Summenformel C_4H_8O verschiedenen Verbindungen entsprechen kann:

$$CH_2=CH-CH_2-CH_2-OH \qquad CH_2=CH-CH_2-O-CH_3 \qquad CH_3-CH_2-CH_2-CH=O \qquad CH_3-CH_2-\underset{\overset{\|}{O}}{C}-CH_3$$

Die obige Darstellung der Moleküle nennt man **Halbstrukturformeln**. Eine solche Halbstrukturformel gibt die Verknüpfung der Atome eindeutig wieder, sodass sie einem einzigen Molekül zugeordnet werden kann.

Eine **Strukturformel** zeigt alle in einem Molekül vorhandenen Bindungen. Für das erste oben links dargestellte Molekül ergibt sich damit die folgende Strukturformel:

$$\underset{H}{\overset{H}{>}}C=\underset{H}{\overset{H}{C}}-\underset{H}{\overset{H}{C}}-\underset{H}{\overset{H}{C}}-O-H$$

Eine vereinfachte Schreibweise, mit der sich auch kompliziertere Moleküle darstellen lassen, ist die **Skelettformel**. In dieser Darstellung werden die H-Atome weggelassen, es sei denn, sie sind an ein Heteroatom (N, O, S usw.) gebunden. Damit ergeben sich für die oben als Halbstrukturformeln angegebenen vier Moleküle folgende Skelettformeln:

Bei den Skelettformeln wird das Kohlenstoffgerüst in Form einer Zickzack-Kette dargestellt; dabei entspricht jede Ecke der Kette einem C-Atom, an das so viele H-Atome gebunden sind, wie es die Vierbindigkeit des Kohlenstoffs verlangt. Danach handelt es sich im ersten Molekül von links beim ersten C-Atom um einen sp^2-Kohlenstoff, also um CH_2. Der Kohlenstoff ist mit zwei H-Atomen verknüpft. Auch das nächste C-Atom ist ein sp^2-Kohlenstoff. Damit die Tetravalenz dieses C-Atoms erfüllt ist, muss es sich um CH handeln. In diesem Sinne sind die beiden folgenden C-Atome sp^3-Kohlenstoffe; es handelt sich um zwei CH_2-Gruppen.

Schauen wir uns nun die Skelettformeln zweier verschiedener cyclischer Moleküle mit jeweils sechs C-Atomen an: Cyclohexan und Benzol.

Cyclohexan ⬡   Benzol ⬡

Cyclohexan enthält nur sp^3-hybridisierte C-Atome; jede Ecke des Sechsecks entspricht einer CH_2-Gruppe. Im Gegensatz dazu ist Benzol aus sechs sp^2-hybridisierten C-Atomen aufgebaut, d. h. aus sechs CH-Gruppen. Das Cyclohexan hat die Summenformel C_6H_{12}, während die des Benzols C_6H_6 lautet. Achtung: Diese beiden verschiedenen Moleküle darf man nicht miteinander verwechseln!

C_6H_{12}

C_6H_6

Der Nutzen der Skelettformel wird besonders deutlich, wenn man größere Moleküle darstellen will. Stellen Sie sich vor, wie lange es dauern würde, die Strukturformel eines so großen Moleküls wie Cholesterin zu zeichnen. Auch wenn nur die C- und O-Atome des Moleküls explizit dargestellt sind, liefert die unten gezeigte Skelettformel eine absolut präzise Beschreibung des Cholesterins.

Cholesterin

Worum es geht:
Stellungsisomerie, Funktionsisomerie, Tautomerie, Doppelbindungsäquivalente

Zwei Moleküle mit derselben Summenformel, aber unterschiedlichen Strukturformeln nennt man *Isomere*.

Wenn sich die beiden Isomere nur hinsichtlich der Anordnung ihrer Kohlenstoffkette unterscheiden, handelt es sich um sog. *Stellungsisomere*. Bei den folgenden zwei Alkoholen ist dies der Fall:

$$CH_3-CH_2-CH_2-CH_2-CH_2-OH \qquad CH_3-CH-CH_2-CH_2-OH$$
$$\qquad\qquad\qquad\qquad\qquad\qquad\qquad | $$
$$\qquad\qquad\qquad\qquad\qquad\qquad\qquad CH_3$$

1-Pentanol 3-Methyl-1-butanol

Wenn sich die Isomere im Gegensatz dazu bezüglich ihrer funktionellen Gruppen voneinander unterscheiden, spricht man von *Funktionsisomeren*. Diese Form der Isomerie tritt bei den drei folgenden Molekülen auf, die alle die Summenformel $C_5H_{10}O$ haben. Das erste Molekül ist ein Alkohol, das zweite ein Aldehyd und das dritte ein Ether.

$$CH_3-CH=CH-CH_2-CH_2-OH \qquad CH_3-CH_2-CH_2-CH_2-CH=O \qquad CH_2=CH-CH_2-O-CH_2-CH_3$$

3-Penten-1-ol Pentanal Allylethylether
(oder 3-Ethoxy-1-propen)

Die Tautomerie ist ein spezieller Fall der Funktionsisomerie. Bei Tautomeren handelt es sich um zwei Isomere, die miteinander im Gleichgewicht stehen; formal gesehen entsteht das eine aus dem anderen durch gleichzeitige Verschiebung eines H-Atoms und einer π-Bindung. Das wichtigste Beispiel ist die Keto-Enol-Tautomerie zwischen einem Keton (bzw. Aldehyd) und einem Enol:

$$CH_3-CH_2-\overset{\overset{O}{\|}}{C}-CH_2-CH_3 \quad \rightleftharpoons \quad CH_3-CH=\overset{\overset{OH}{|}}{C}-CH_2-CH_3$$

Keton Enol

$$CH_3-CH_2-CH=O \quad \rightleftharpoons \quad CH_3-CH=CH-OH$$

Aldehyd Enol

Tautomerie besteht auch zwischen einem Imin und einem Enamin:

Imin Enamin

Zwei isomere Moleküle weisen dieselbe Anzahl von Doppelbindungsäquivalenten (DBÄ) auf. Ein DBÄ entspricht entweder einer Doppelbindung oder einem Ring, der ausschließlich Einfachbindungen enthält. Die *Anzahl der Doppelbindungsäquivalente n_i* eines organischen Moleküls lässt sich anhand seiner Summenformel berechnen. Für ein Molekül der Formel

$C_xH_yO_zS_tN_vX_w$, wobei X einem Halogen (F, Cl, Br oder I) entspricht, kann die Anzahl der DBÄ mithilfe der folgenden Formel berechnet werden:

$$n_i = \frac{2x+2-y+v-w}{2}$$

Die Anzahl der O- und S-Atome wird bei der Berechnung der Anzahl der DBÄ nicht berücksichtigt.

n_i	Doppelbindung	Dreifachbindung	Anzahl der Ringe	Beispiel
1	1	0	0	$H_2C{=}CH_2$
	0	0	1	
2	2	0	0	
	1	0	1	
	0	1	0	$HC{=}CH$
	0	0	2	
3	3	0	0	
	2	0	1	
	1	1	0	
	1	0	2	
	0	1	1	
	0	0	3	

Räumliche Darstellung von Molekülen

Worum es geht:
Keilstrichformel, Newman-Projektion, Fischer-Projektion, Konformation

Die Darstellung der dreidimensionalen Anordnung von Atomen in organischen Molekülen gelingt auf verschiedene Art und Weise.

▶ Die *Keilstrichformel* trägt der tetraedrischen Geometrie von sp^3-hybridisierten C-Atomen, der trigonalen Geometrie von sp^2-hybridisierten C-Atomen sowie der linearen Geometrie von sp-hybridisierten C-Atomen Rechnung. Dazu werden die Bindungen, die aus der Zeichenebene (in Richtung des Betrachters) herausragen, durch gefüllte Keile dargestellt; Bindungen, die hinter der Zeichenebene (vom Betrachter weg) liegen, werden durch gestrichelte Keile und in der Zeichenebene liegende Bindungen durch ausgezogene Striche gekennzeichnet. Das Beispiel zeigt die Keilstrichformel eines Stereoisomers der 2-Amino-3-hydroxybutansäure (Threonin):

$$\overset{4}{C}H_3-\overset{3}{C}HOH-\overset{2}{C}HNH_2-\overset{1}{C}OOH$$

▶ Die *Newman-Projektion* ist eine Darstellung, in der man in Richtung der Achse der C–C-Bindung blickt, sodass der vorn stehende Kohlenstoff den dahinter liegenden verdeckt. Diese beiden Atome werden durch einen Kreis dargestellt. Die Bindungen des vorderen C-Atoms werden durch vom Kreismittelpunkt ausgehende Striche dargestellt und schließen Winkel von jeweils 120° ein. Die Bindungen am hinteren Kohlenstoff werden durch von der Kreislinie ausgehende Striche dargestellt, die ebenfalls Winkel von jeweils 120° bilden. Hier ist die Newman-Projektion des Stereoisomers von Threonin in Richtung der C2–C3-Bindung dargestellt:

▶ Die *Fischer-Projektion* ist eine Darstellungsform, in der alle Bindungen auf die Papierebene projiziert werden. Die längste Kohlenstoffkette des Moleküls wird vertikal angeordnet, wobei die am höchsten oxidierte Gruppe oben und die am niedrigsten oxidierte Gruppe unten steht. Die horizontalen Striche entsprechen Bindungen, die nach vorne zeigen, während die vertikalen Striche für Bindungen stehen, die nach hinten zeigen. Diese Darstellungsform wird vor allem für Zucker (Kapitel 51) und Aminosäuren (Kapitel 54) benutzt. Hier sieht man die Fischer-Projektion des Stereoisomers von Threonin:

Fischer-Projektion

entspricht

▶ Wie kann man die eine räumliche Darstellung in die andere überführen?

Um die Keilstrichformel des Threonin-Stereoisomers in seine Newman-Projektion zu überführen, reicht es aus, von vorn in Richtung der C2–C3-Achse zu blicken, sodass C-Atom 2 das C-Atom 3 überdeckt:

Um diese Keilstrichformel in die Fischer-Projektion zu überführen, muss man zunächst eine 180°-Drehung um die C2–C3-Bindung durchführen. Dies ist möglich, da eine Einfachbindung frei drehbar ist. Das resultierende Molekül ist immer noch dasselbe Molekül; es ist lediglich in eine andere *Konformation* übergegangen. Anders gesagt: Es ist ein anderes Konformer des Ausgangsmoleküls (Kapitel 10). In dieser neuen Konformation liegen die Bindungen der beiden Kohlenstoffe C2 und C3 verdeckt (ekliptisch) vor, d. h. die (zwischen zwei Ebenen aufgespannten) Diederwinkel betragen 0°. Der Betrachter muss nun von oben so auf das Molekül blicken, dass die Kohlenstoffkette von ihm aus gesehen nach hinten zeigt, die horizontalen Substituenten auf ihn gerichtet sind und er in Richtung der am höchsten oxidierten funktionellen Gruppe blickt. Für das Stereoisomer von Threonin ergibt sich damit:

Um eine Newman- in eine Fischer-Projektion zu überführen, muss man das hinten liegende C-Atom wieder um 180° um die C–C-Achse drehen. Dabei resultiert eine verdeckte (ekliptische) Konformation. Der Betrachter muss nun von unten so auf das Molekül schauen, dass er auf die am höchsten oxidierte funktionelle Gruppe blickt, im Threonin also in Richtung der –COOH-Gruppe.

Worum es geht:
Ekliptische Konformation, gestaffelte Konformation, *anti*-Konformation, *gauche*-Konformation, Sesselkonformation, axial, äquatorial

Wie bereits erwähnt (Kapitel 3), kann sich ein Molekül aufgrund freier Drehbarkeit um C–C-Einfachbindungen in unendlich vielen verschiedenen räumlichen Anordnungen befinden, die alle verschiedenen **Konformationen** des Moleküls entsprechen. Solche Anordnungen nennt man **Konformere**.

1. Butan

Ein Molekül wie das Butan (CH_3–CH_2–CH_2–CH_3) kann in unendlich vielen Konformationen vorliegen, die durch Drehung um die C2–C3-Bindung entstehen; einige davon sind hier als Newman-Projektion dargestellt. Dabei sind **ekliptische** und **gestaffelte** Konformationen unterscheidbar. Bei den ekliptischen Konformationen stehen die vom vorderen C-Atom ausgehenden Bindungen genau vor denen des hinteren C-Atoms. Der Diederwinkel zwischen diesen Bindungen beträgt jeweils 0°. Bei den gestaffelten Konformationen beträgt der Diederwinkel zwischen den von den beiden C-Atomen ausgehenden Bindungen jeweils 60°. Gestaffelte Konformationen sind aufgrund geringerer sterischer Hinderung thermodynamisch stabiler als ekliptische Konformationen.

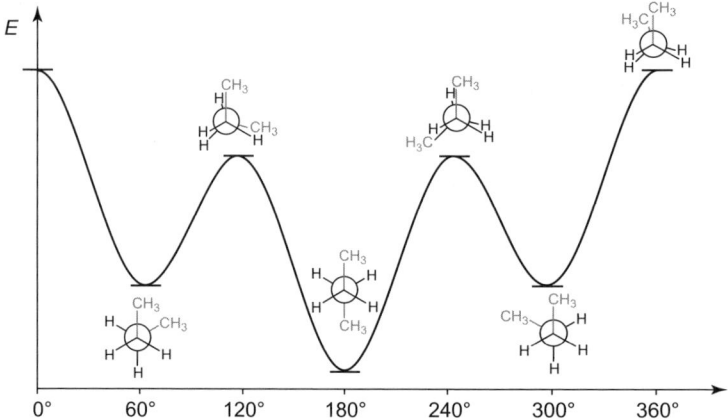

Es gibt zwei verschiedene Typen von gestaffelten Konformationen: zum einen die *anti*-Konformation, bei der die beiden CH_3-Gruppen möglichst weit voneinander entfernt sind (der Diederwinkel zwischen den beiden C–CH_3-Bindungen beträgt 180°), zum anderen gibt es zwei *gauche*-Konformationen, bei denen der Diederwinkel zwischen den beiden C–CH_3-Bindungen 60° beträgt. Die stabilste dieser drei gestaffelten Konformationen ist die *anti*-Konformation.

Im Diagramm sind die unterschiedlichen Energien der verschiedenen Konformere des Butans in Abhängigkeit vom Drehwinkel dargestellt. Ausgangspunkt ist die Konformation, bei der eine Methylgruppe die andere verdeckt.

2. Cyclohexan

Cyclohexan (C_6H_{12}) ist kein planares Molekül. Seine dreidimensionale Struktur entspricht der eines Sessels. Bei dieser *Sesselkonformation* haben alle C-Atome tetraedrische Geometrie, und alle C–H-Bindungen sind gestaffelt angeordnet. Aufgrund der Sesselkonformation lassen sich für die H-Atome des Cyclohexans zwei mögliche Anordnungen unterscheiden: die *axiale* und die *äquatoriale* Stellung. Die sechs axialen C–H-Bindungen stehen senkrecht zur mittleren Ringebene, die sechs äquatorialen C–H-Bindungen befinden sich ungefähr in der mittleren Ringebene.

Man kann das Cyclohexan auch in der Newman-Projektion darstellen, in der man besonders gut sieht, dass alle C–H-Bindungen gestaffelt angeordnet sind. Dazu muss man in Richtung zweier parallel zueinander angeordneter C–C-Bindungen des Rings blicken. (In den folgenden Formeln sind die axialen H-Atome fett dargestellt.)

Dieses Konformer des Cyclohexans steht im Gleichgewicht mit der Konformation, bei der die äquatorialen und die axialen H-Atome ihre Positionen getauscht haben.

3. Substituierte Cyclohexane

Im Fall eines substituierten Cyclohexans wie dem Methylcyclohexan ist das Konformeren-Gleichgewicht zugunsten des rechts abgebildeten Konformers verschoben, bei dem der Methylsubstituent eine äquatoriale Position einnimmt.

Tatsächlich besteht bei der Konformation links eine sterische Hinderung zwischen der axialen –CH_3-Gruppe und den beiden axialen –H-Atomen, die sich auf derselben Seite des Rings befinden wie die –CH_3-Gruppe. Bei dieser Konformation gibt es also zwei destabilisierende *1,3-diaxiale Wechselwirkungen*. Solche destabilisierenden Wechselwirkungen treten beim Konformer mit einer äquatorialen –CH_3-Gruppe nicht auf. Daher ist dieses Konformer stabiler und liegt im Gleichgewicht im Überschuss vor. Beim Methylcyclohexan beträgt der Energieunterschied zwischen den beiden Konformeren 7,5 kJ·mol^{-1}. Je sperriger der Substituent des Cyclohexans und je größer der Energieunterschied zwischen den beiden Konformeren sind, desto stärker liegt das Gleichgewicht auf der Seite des Konformers mit äquatorialem Substituenten.

11 Chiralität

Worum es geht:
Asymmetrisch substituiertes Kohlenstoffatom, Symmetrieebene, *meso*, spezifische Drehung

1. Einleitung

Manche Moleküle wie auch etliche Alltagsgegenstände weisen eine Asymmetrie auf, die man Chiralität nennt. Ein **chirales** Molekül oder ein chiraler Gegenstand (griech. *ceir,* Hand) ist ein Molekül bzw. Gegenstand, der nicht mit seinem Spiegelbild zur Deckung gebracht werden kann. Auch unsere rechte und linke Hand lassen sich nicht zur Deckung bringen und verhalten sich wie Bild und Spiegelbild. In diesem Sinn sind auch eine Schnecke oder ein Korkenzieher chiral.

Tatsächlich besitzen diese drei Gegenstände weder eine Symmetrieebene noch ein Symmetriezentrum. Wenn ein Molekül eine Symmetrieebene oder ein Symmetriezentrum aufweist, ist es achiral; wenn nicht, ist es chiral.

2. Asymmetriezentrum

Ein Molekül ist chiral, wenn es ein asymmetrisch substituiertes C-Atom besitzt; das bedeutet, dass ein sp^3-hybridisierter (tetraedrischer) Kohlenstoff mit vier verschiedenen Substituenten verknüpft ist. Tatsächlich sind zwei verschiedene räumliche Anordnungen der vier Substituenten um das zentrale C-Atom herum möglich. Die beiden Moleküle, die sich daraus ableiten lassen, sind nicht deckungsgleich und verhalten sich wie Bild und Spiegelbild.

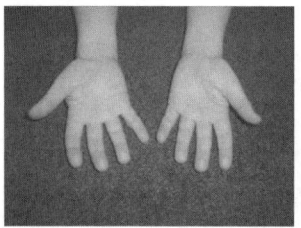 

Neben dem Kohlenstoff können auch andere Atome asymmetrisch substituiert sein. Wie die folgenden Moleküle zeigen, gilt dies für Stickstoff ebenso wie für Phosphor oder Schwefel:

Achtung: Ein Molekül mit mehr als einem Asymmetriezentrum ist nicht zwangsläufig chiral. Nehmen wir den Fall des unten stehenden Moleküls, das zwei asymmetrisch substituierte

C-Atome besitzt. Es hat eine innere Symmetrieebene, die senkrecht zur zentralen C–C-Bindung steht, und ist somit achiral.

Symmetrieebene

Ein solches Molekül nennt man eine ***meso***-Verbindung.

Andererseits kann ein Molekül auch chiral sein, wenn es kein Asymmetriezentrum besitzt. Unten sind drei Beispiele für solche Moleküle angegeben. Beim ersten handelt es sich um ein Allen: Es hat kein Asymmetriezentrum, da seine C-Atome sp^2- bzw. sp-hybridisiert sind. In einem Allen liegen die beiden Doppelbindungen in zwei senkrecht zueinander angeordneten Ebenen. Obwohl das Molekül weder eine Symmetrieebene noch ein Symmetriezentrum aufweist, ist es chiral. Das Gleiche gilt für die zweite Verbindung *(Spiroverbindung)*, die chiral ist, auch wenn keines der C-Atome asymmetrisch substituiert ist. Schließlich ist auch die dritte Verbindung, ein disubstituiertes Biphenyl, chiral, obwohl es weder Symmetriezentrum noch Symmetrieebene besitzt. Beachten Sie, dass aufgrund der Substituenten an den beiden Benzolringen keine freie Drehbarkeit um die Bindung herrscht, welche die beiden Ringe miteinander verbindet, und die Konformation des Moleküls quasi „eingefroren" ist.

3. Optische Aktivität

Eine Eigenschaft chiraler Moleküle ist ihre optische Aktivität. Es handelt sich dabei um die Fähigkeit eines chiralen Moleküls, die Ebene des linear polarisierten Lichts zu drehen. Dabei kann die Ebene des polarisierten Lichts entweder nach rechts (rechtsdrehendes Molekül, positive optische Aktivität) oder nach links (linksdrehendes Molekül, negative optische Aktivität) gedreht werden. Die spezifische Drehung $[\alpha]_D$ wird durch folgende Formel beschrieben:

$$[\alpha]_D = \frac{\alpha}{l \cdot c}$$

wobei α = der am Polarimeter abgelesene Drehwinkel ist, wenn Licht der Wellenlänge von 589 nm (Natrium-D-Linie) eine Substanz in einer Messzelle durchdringt, l = Länge der Messzelle in dm und c = Konzentration der Lösung der Substanz in g·ml^{-1}.

12 Konfiguration

Worum es geht:
Absolute Konfiguration, Cahn-Ingold-Prelog-Sequenzregeln, *R, S, Z, E*

1. Die absolute Konfiguration asymmetrisch substituierter Kohlenstoffatome

Wie wir gesehen haben (Kapitel 11), sind bei einem chiralen Molekül, das ein asymmetrisch substituiertes C-Atom enthält, zwei verschiedene räumliche Anordnungen der Substituenten um das Asymmetriezentrum möglich. Diese zwei Anordnungen entsprechen Molekülen, die sich zueinander wie Bild und Spiegelbild verhalten. Zur Unterscheidung dieser beiden Moleküle verwendet man die Sequenzregeln nach Cahn, Ingold und Prelog, mit deren Hilfe man die **absolute Konfiguration** der Substituenten am asymmetrisch substituierten C-Atom bestimmen kann.

Die Einteilung der Substituenten beruht auf der Ordnungszahl (Z) der direkt an das Asymmetriezentrum gebundenen Atome, wobei die Priorität der Substituenten mit abnehmender Ordnungszahl sinkt. Ordnet man die Substituenten nach fallender Priorität, ergibt sich folgendes Bild:

$-I, -Br, -Cl, -SCH_3, -OCH_3, -NHCH_3, -NH_2, -COOCH_3, -COOH, -CONH_2, -C_6H_5, -CH=CH_2, -CH_2CH_3, -CH_3, -D, -H.$

Wenn zwei Substituenten in der ersten Sphäre das gleiche Atom aufweisen, muss der Vergleich in der zweiten Ebene durchgeführt werden usw. Zusätzlich muss man wissen, dass nach den Cahn-Ingold-Prelog-Regeln Doppel- oder Dreifachbindungen wie die entsprechende Anzahl an Einfachbindungen gewertet werden. Ist ein Atom beispielsweise durch eine Doppelbindung mit einem anderen Atom verknüpft, dann wird das zweite Atom doppelt gezählt.

Vergleicht man die Substituenten $-NHCH_3$ und $-NH_2$ miteinander, so hat der erste eine höhere Priorität als der zweite, weil in der $-NHCH_3$-Gruppe das N-Atom mit einem C-Atom und einem H-Atom verbunden ist, während das N-Atom in der $-NH_2$-Gruppe mit zwei H-Atomen verknüpft ist.

Um die Priorität einer $-COOCH_3$- gegenüber einer $-COOH$-Gruppe festzulegen, muss man in die dritte Ebene gehen:

Bei den ersten beiden Substituenten ist der Kohlenstoff an drei O-Atome gebunden (eine C–O-Bindung und eine C=O-Bindung), aber in der dritten Ebene liegt im ersten Fall ein Kohlenstoff und im zweiten Fall ein Wasserstoff vor. Demnach hat $-COOCH_3$ eine höhere Priorität als $-COOH$. Vergleichen wir nun $-COOH$ mit $-CONH_2$. Während der Kohlenstoff der $-COOH$-Gruppe an drei O-Atome gebunden ist, ist er im Fall der $-CONH_2$-Gruppe mit zwei O-Atomen und einem N-Atom verknüpft: $-COOH$ hat deshalb die höhere Priorität.

Hat man die Prioritätsreihenfolge der Substituenten erst einmal festgelegt, orientiert man das Molekül – um die absolute Konfiguration eines Asymmetriezentrums zu ermitteln – so, dass der Substituent mit der niedrigsten Priorität hinter der Papierebene liegt. Wenn man die Substituenten – angefangen beim Substituenten mit der Priorität 1 über den mit der Priorität 2 bis zum Substituenten mit der Priorität 3 – jetzt durch eine kreisförmige Linie verbindet und sich dabei im Uhrzeigersinn bewegt, wird dem asymmetrisch substituierten C-Atom die absolute Konfiguration **R** (lat. *rectus*) zugeordnet. Erfolgt die Drehung gegen den Uhrzeigersinn, ordnet man dem Asymmetriezentrum die absolute Konfiguration **S** (lat. *sinister*) zu.

Im obigen Beispiel hat der –CH_2SH-Substituent eine höhere Priorität als die –COOH-Gruppe, weil er ein S-Atom besitzt, das ihm gegenüber der COOH-Gruppe mit den O-Atomen die höhere Priorität verleiht.

2. Die Konfiguration von Doppelbindungen

Die Sequenzregeln nach Cahn, Ingold und Prelog lassen sich auch anwenden, um die Konfiguration der Doppelbindung eines Alkens festzulegen. Dabei können zwei Fälle auftreten: In dem einen Fall befinden sich die ranghöchsten Gruppen an jedem sp^2-Kohlenstoffatom der Doppelbindung auf derselben Seite der Bindung; man spricht dann von einer **Z**-Konfiguration (**Z** für *zusammen*). Im zweiten Fall befinden sich die ranghöchsten Gruppen auf unterschiedlichen Seiten der Doppelbindung, sodass eine **E**-Konfiguration (**E** für *entgegen*) vorliegt.

Worum es geht:
Spezifische Drehung, *meso*-Verbindung, racemisches Gemisch

1. Enantiomerie

Zwei chirale Moleküle, die sich zueinander wie Bild und Spiegelbild verhalten, nennt man *Enantiomere*. Sie stehen im Verhältnis der *Enantiomerie*. Zwei Enantiomere weisen dieselben physikalischen und chemischen Eigenschaften (Schmelzpunkt, Siedepunkt, Polarität usw.) auf; sie unterscheiden sich lediglich im Vorzeichen ihrer spezifischen Drehung: Das eine Enantiomer hat einen positiven $[\alpha]_D$-Wert, das andere besitzt eine spezifische Drehung desselben Betrags, aber mit umgekehrtem Vorzeichen.

(R)-Alanin   (S)-Alanin

$[\alpha]_D = -14,5$ $[\alpha]_D = +14,5$

(R)-Phenylethylamin   (S)-Phenylethylamin

$[\alpha]_D = +40$ $[\alpha]_D = -40$

In einem chiralen Molekül mit einem einzigen asymmetrisch substituierten C-Atom ist das Molekül der absoluten Konfiguration *R* das Enantiomer des Moleküls mit der absoluten Konfiguration *S*.

Achtung: Es besteht kein Zusammenhang zwischen dem Vorzeichen der spezifischen Drehung eines Moleküls und seiner absoluten Konfiguration. Ein Molekül der absoluten Konfiguration *R* kann sowohl rechtsdrehend ($[\alpha]_D > 0$) als auch linksdrehend ($[\alpha]_D < 0$) sein. Wenn das *R*-Enantiomer rechtsdrehend ist, muss das *S*-Enantiomer linksdrehend sein (Beispiel: Phenylethylamin), und wenn das *R*-Enantiomer linksdrehend ist, so ist das *S*-Enantiomer rechtsdrehend (Beispiel: Alanin).

Zwei enantiomere Moleküle können sich auch in Geschmack oder Geruch unterscheiden. So riecht das (R)-Carvon nach Minze, während das (S)-Carvon nach Kreuzkümmel riecht; und das *R*-Enantiomer des Limonens riecht nach Orange, während sein *S*-Enantiomer nach Zitrone duftet.

(*S*)-Carvon	(*R*)-Carvon	(*R*)-Limonen	(*S*)-Limonen
Kreuzkümmelgeruch	Minzegeruch	Orangengeruch	Zitronengeruch

Die äquimolare Mischung zweier Enantiomere nennt man *racemisches Gemisch*, und die spezifische Drehung eines solchen racemischen Gemischs ist Null ($[\alpha]_D = 0$).

Auch die pharmakologische Wirkung von Enantiomeren kann unterschiedlich sein. Mitunter ist es sehr gefährlich, ein Medikament in racemischer Form einzusetzen. Das bekannteste Beispiel ist Thalidomid.

(*R*)-Thalidomid	(*S*)-Thalidomid

In den 1960er-Jahren wurde Thalidomid in racemischer Form (50 % *R* + 50 % *S*) Schwangeren gegen Übelkeit verordnet. Wie sich aber herausstellte, besitzt allein das *R*-Enantiomer übelkeitshemmende Wirkung, während das *S*-Enantiomer des Thalidomids teratogen wirkt. Dies führte bei den Neugeborenen der betroffenen Mütter zu schweren Fehlbildungen.

Es kommt auch vor, dass nur ein Enantiomer aktiv ist, während das andere keinerlei Aktivität zeigt. Auch in einem solchen Fall ist die Verabreichung des Racemats verboten, da die Einnahme einer Substanz, deren eine Hälfte nutzlos ist und eventuell auch noch Nebenwirkungen hervorrufen kann, nicht akzeptabel ist.

Daher konzentriert man sich in der Organischen Chemie mehr und mehr auf die Entwicklung der *asymmetrischen Synthese*; darunter versteht man die enantioselektive Synthese eines von zwei möglichen Enantiomeren.

2. Diastereoisomerie

Zwei Stereoisomere, die sich nicht wie Enantiomere zueinander verhalten, heißen *Diastereoisomere*.

Dargestellt sind im Folgenden die (2*R*,3*S*)-2-Amino-3-hydroxybutansäure und die (2*R*,3*R*)-2-Amino-3-hydroxybutansäure.

2*R*,3*S*	2*R*,3*R*

Diese beiden Moleküle verhalten sich nicht wie Bild und Spiegelbild; sie sind also keine Enantiomere, sondern Diastereoisomere.

Damit sich zwei Moleküle mit zwei asymmetrisch substituierten Kohlenstoffen wie Enantio-mere verhalten, muss jedes asymmetrisch substituierte C-Atom die umgekehrte absolute Kon-figuration aufweisen. Das Enantiomer der (2R,3S)-2-Amino-3-hydroxybutansäure ist also die (2S,3R)-2-Amino-3-hydroxybutansäure.

Die maximale Anzahl von Stereoisomeren eines Molekül mit n asymmetrisch substituierten C-Atomen beträgt 2^n.

Damit gibt es für die 2-Amino-3-hydroxybutansäure mit zwei asymmetrisch substituierten C-Atomen insgesamt vier Stereoisomere, d. h. zwei Enantiomerenpaare: 2R,3R und 2S,3S einer-seits und 2R,3S und 2S,3R andererseits. In allen anderen Fällen handelt es sich um diastereoi-somere Beziehungen.

Für die Weinsäure mit der Formel HOOC–CH(OH)–CH(OH)–COOH existieren nur drei Ste-reoisomere, obwohl die Verbindung über zwei asymmetrisch substituierte C-Atome verfügt.

Das Stereoisomer mit der Konfiguration (S,R) ist kein chirales Molekül, da es eine Symmetrie-ebene hat (das kann man leicht sehen, wenn man eine Drehung von 180° um die C–C-Bindung ausführt). Da dieses Stereoisomer nicht chiral ist, besitzt es auch kein Enantiomer. In diesem Fall spricht man von einer *meso-Verbindung* (Kapitel 11). Für die Weinsäure existieren damit ein Enantiomerenpaar und ein weiteres Stereoisomer, das sich zu den beiden anderen dia-stereoisomer verhält.

Achtung: Es gibt keinen Zusammenhang (weder bezüglich des Vorzeichens noch des Betrags) zwischen den spezifischen Drehungen von zwei Diastereoisomeren.

Zwei Diastereoisomere unterscheiden sich auch in ihren physikalischen und chemischen Eigenschaften (Schmelzpunkt, Siedepunkt, Polarität usw.). Im Allgemeinen lassen sie sich mit den üblichen Trennverfahren (Destillation, Kristallisation, Chromatographie usw.) leicht voneinander trennen.

> **Worum es geht:**
> Elektronegativität, Polarisierung, Akzeptor, Donor

Induktive elektronische Effekte sind zusammen mit mesomeren Effekten am Zustandekommen von reaktiven Zentren, Nucleophilen oder Elektrophilen, beteiligt; mit ihrer Hilfe lassen sich chemische Reaktionen erklären.

1. Definition

Wenn zwei gleiche Atome miteinander verbunden sind, dann befinden sich die beiden Bindungselektronen genau zwischen den zwei Atomen (**A**). Unter dem Einfluss von Nachbaratomen kann es aber zu einer „Verschiebung" dieser Elektronen kommen, die durch den Elektronegativitätsunterschied (χ) zwischen den beiden miteinander verbundenen Atomen induziert wird.

$$C-C \qquad \overset{\delta+ \ \ \delta-}{C-X} \qquad \overset{\delta- \ \ \delta+}{C-Y}$$

$$\chi_X > \chi_C \qquad \chi_C > \chi_Y$$

$$\mathbf{A} \qquad\qquad \mathbf{B} \qquad\qquad \mathbf{C}$$

Als Konsequenz dieses Elektronegativitätsunterschieds zwischen zwei miteinander verbundenen Atomen kommt es zu einer Verschiebung (oder Polarisierung) der Bindungselektronen zum elektronegativeren Atom (**B**). Im Ergebnis treten an beiden Atomen formale Ladungen auf. Im Beispiel trägt der Kohlenstoff eine positive Partialladung (δ^+), die seinen elektrophilen Charakter widerspiegelt. In diesem Fall hat X einen elektronenanziehenden Effekt. Umgekehrt haben bestimmte Gruppen einen elektronenschiebenden Effekt (**C**). In diesem Fall besitzt der Kohlenstoff ($\chi = 2{,}6$) eine höhere Elektronegativität und damit nucleophilen Charakter (δ^-).

2. Atomgruppen und ihre Effekte

Die folgende Tabelle zeigt Atomgruppen bzw. Atome, geordnet nach Donor- bzw. Akzeptoreigenschaften:

Akzeptor	χ	Donor	χ
F	3,98	SiR_3	1,8
OH	3,7	MgBr	1,2
NO_2	3,4	Li	1
NH_2	3,35		
CF_3	3,35		
CN	3,3		
Ph	3		

Wie man sehen kann, gibt es nur wenige Atomgruppen mit einer niedrigeren Elektronegativität als Kohlenstoff, die somit einen elektronenschiebenden Effekt aufweisen.

3. Acidität

Die Bedeutung von induktiven Effekten lässt sich am Beispiel der pK_a-Werte von Carbonsäuren demonstrieren. Es ist nämlich so, dass die induktiven Effekte von Elektronenakzeptoren die konjugierte Base der Carbonsäure (Carboxylat) stabilisieren und das Säure-Basen-Gleichgewicht zur Base hin verschieben. Dies führt zur Erhöhung der Acidität der Carbonsäuren (Erniedrigung des pK_a-Werts). Der elektronenanziehende Effekt von Chlor auf die Acidität von Carbonsäuren, der mit zunehmender Entfernung abnimmt, wird in der folgenden Tabelle veranschaulicht:

	pK_a
CH_3–CH_2–CH_2–COOH	4,82
CH_3–CH_2–CHCl–COOH	2,85
CH_3–CHCl–CH_2–COOH	4,05
$ClCH_2$–CH_2–CH_2–COOH	4,52

a) Additivität von Effekten

Die nächste Tabelle zeigt, dass sich die induktiven elektronenanziehenden Effekte des Cl-Atoms additiv verhalten:

	pK_a
CH_3–COOH	4,76
$ClCH_2$–COOH	2,87
Cl_2CH–COOH	1,3
Cl_3C–COOH	0,7

Je mehr Chloratome im Molekül vorhanden sind, desto acider ist die Verbindung.

b) Die Natur des Elektronenakzeptors

In der nachstehenden Tabelle sind die induktiven elektronenanziehenden Effekte der Halogenatome in Abhängigkeit von ihrer Elektronegativität dargestellt; die Acidität der Carbonsäuren nimmt mit steigender Elektronegativität der Halogene zu:

	pK_a	Elektronegativität
FCH_2–COOH	2,58	3,98
$ClCH_2$–COOH	2,87	3,16
$BrCH_2$–COOH	2,90	2,96
ICH_2–COOH	3,17	2,66

4. Dipolmoment

Weil induktive Effekte zu einer Polarisierung von kovalenten Bindungen führen, lassen sie sich bei einfachen Molekülen durch Messung des Dipolmoments (μ) nachweisen:

H_3C–CH_3	0 Debye
H_3C–Cl	1,86 Debye
H_3C–NO_2	3,1 Debye

$$H_3C–X \rightarrow \mu$$

Die Bestimmung des Dipolmoments ist also eine Möglichkeit, den Elektronegativitätsunterschied im Molekül zu belegen.

> **Worum es geht:**
> Konjugation, Delokalisierung, Elektronenakzeptor, Elektronendonor, Grenzformel

Elektronische mesomere Effekte sind generell wichtiger als induktive Effekte; dies gilt jedoch nicht für das Fluor, dessen sehr hohe Elektronegativität die Fähigkeit, Elektronen abzugeben, überlagert.

1. Definition

Hinsichtlich der Unterscheidung zwischen induktiven und mesomeren Effekten besteht häufig Unsicherheit. Der Grund dafür ist, dass eine Gruppe gleichzeitig sowohl induktive als auch mesomere Effekte aufweisen kann. Hinzu kommt, dass diese Effekte auch antagonistisch wirken können. Wie wir bereits wissen, ist der mesomere Effekt stärker als der induktive Effekt. Um zwischen induktiven und mesomeren Effekten zu unterscheiden, muss man sich das Kohlenstoffgerüst des Moleküls ansehen. Enthält es nur kovalente σ-Bindungen, können nur induktive Effekte wirksam sein. Das liegt daran, dass mesomere Effekte nur auftreten bei:

- π-Elektronen, nichtbindenden Elektronenpaaren und Ladungen
- Kohlenstoffgerüsten von Molekülen mit Konjugation
- Verschiebung von Elektronen unter Berücksichtigung der Oktettregel

a) Konjugation

Unter Konjugation versteht man ein alternierendes Auftreten von Einfach- und Doppelbindungen (**I**) oder das Vorliegen des Strukturelements Elektronenpaar – Einfachbindung – Doppelbindung (**II**):

Im Fall cyclischer Moleküle ist die Konjugation an der Aromatizität des Moleküls beteiligt (**III**) (Kapitel 25).

b) Delokalisierung

Die Delokalisierung eines freien Elektronenpaars oder von π-Elektronen setzt Konjugation voraus, sodass die Elektronen zwischen den parallel angeordneten Orbitalen verschoben werden können. Die seitliche Überlappung der Orbitale erlaubt die Verschiebung der Elektronen von einem in das andere Orbital, so etwa beim Benzol. Im Molekül **I** ist eine Delokalisierung sowohl in der einen als auch in der anderen Richtung möglich. Die drei Formeln (links, Mitte, rechts), mit denen man dieses Molekül beschreiben kann, heißen **Grenzformeln**. Sie existieren nicht wirklich, sondern sind lediglich ein Mittel zur Beschreibung der Wirklichkeit. Die wahre Struktur des Moleküls wird durch das **Resonanzhybrid** beschrieben und ist eine Kombination der entsprechenden Grenzformeln.

Atome mit einem freien Elektronenpaar wirken als Elektronendonoren (**II**), Doppelbindungen vom Typ C=X als Elektronenakzeptoren (**IV**):

II

IV

X = O, N, S

2. Gruppen und Effekte

In der folgenden Tabelle sind Atome bzw. Atomgruppen nach der Stärke ihrer elektronenanziehenden bzw. -schiebenden Wirkung aufgeführt:

Stärke	Akzeptor	Donor
	–CN	Alkyl
	–CONHR	–OCOR
	–COOR	$–NH_2$, $–NR_3$, –OH, –OR
	–CO-R	Halogene: Br, I, Cl, F
	$–NO_2$	–SH, –SR

Diese Gruppen üben in einem Molekül antagonistische bzw. komplementäre Effekte aus. Es ist aber die Gruppe mit dem stärksten Effekt, die Reaktionen wie etwa die elektrophile aromatische Substitution in eine bestimmte Richtung lenkt (Kapitel 27).

3. Beispiele für mesoere Effekte

▶ **Anilin**

Die NH_2-Gruppe wirkt als Elektronendonor, und das freie Elektronenpaar ist über das gesamte Molekül delokalisiert:

Resonanz-
hybrid

▶ **Benzoesäuremethylester**

Die Estergruppe fungiert als Elektronenakzeptor und zieht die Elektronen des Benzolrings an:

Resonanz-
hybrid

16 Elektronische Effekte und Acidität

Worum es geht:
Acidität, Induktion, Mesomerie, Tautomerie

Durch die Polarisierung von Bindungen ändern sich die Eigenschaften von Molekülen, z. B. ihre Acidität.

1. Einleitung

Den Einfluss elektronischer Effekte kann man erkennen, wenn man sich beispielsweise die pK_a-Werte von Carbonsäuren anschaut. So wird etwa die konjugierte Base (z. B. Carboxylat) durch den Einfluss von Elektronenakzeptoren stabilisiert, und das Säure-Base-Gleichgewicht verschiebt sich zur Base hin. Auf diese Weise kommt es zu einer Erhöhung der Acidität (bzw. zu einem Absinken des pK_a-Werts).

$$AH \rightleftharpoons A^{\ominus} + H^{\oplus}$$

Stabilisierung der konjugierten Base
Verschiebung des Gleichgewichts zur Base hin
Erhöhung der Acidität
Erniedrigung des pK_a-Werts

Elektronendonoren hingegen destabilisieren die konjugierte Base und verringern so die Acidität der Säure (Erhöhung des pK_a-Werts). Solche elektronischen Effekte beeinflussen auch die Basizität funktioneller Gruppen. Ein bekanntes Beispiel sind die Amine: Elektronendonoren erhöhen die Basizität des freien Elektronenpaars am Amin, und infolgedessen erhöht sich der pK_a-Wert des Amins:

$$R\overset{\oplus}{N}H_3 \rightleftharpoons RNH_2 + H^{\oplus}$$

Wenn R = Elektronendonor, dann steigt der pK_a-Wert

2. Induktive Effekte

Der Einfluss von induktiven Effekten auf die Acidität von Carbonsäuren wird am Beispiel des Elektronenakzeptors Chlor demonstriert. Im Einzelnen sind der Einfluss des Abstands zwischen Cl-Atom und Säuregruppe, die additive Wirkung von induktiven Effekten sowie die Rolle der Polarisierung der Bindung aufgeführt:

Effekt	Säure	pK_a	Elektronegativität
Abstand zwischen Cl-Atom und Säuregruppe	$CH_3–CH_2–CH_2–COOH$	4,82	
	$CH_3–CH_2–CHCl–COOH$	2,85	
	$CH_3–CHCl–CH_2–COOH$	4,05	
	$ClCH_2–CH_2–CH_2–COOH$	4,52	
additive Wirkung	$CH_3–COOH$	4,76	
	$ClCH_2–COOH$	2,87	
	$Cl_2CH–COOH$	1,3	
	$Cl_3C–COOH$	0,7	
Polarisierung der Bindung	$FCH_2–COOH$	2,58	3,98
	$ClCH_2–COOH$	2,87	3,16
	$BrCH_2–COOH$	2,90	2,96
	$ICH_2–COOH$	3,17	2,66

3. Mesomere Effekte

Als Beispiel dienen einige Anilinderivate, die eine Methoxy- bzw. Nitrogruppe in *para*-Stellung tragen; betrachtet werden soll der pK_a-Wert des Säure-Basen-Paars $R–NH_3^+/R–NH_2$:

| pKa | 4,6 | 5,3 | 4,2 | 2 |

Man kann erkennen, dass die Methoxygruppe (Donor) den basischen Charakter des freien Elektronenpaars des Stickstoffs erhöht, während die Nitrogruppe (Akzeptor) ihn erniedrigt. Eine Methoxygruppe in *meta*-Stellung dagegen erniedrigt den pK_a-Wert, genau wie die Nitrogruppe, aufgrund ihres induktiven elektronenanziehenden Effekts. Tatsächlich kann die Methoxygruppe in *meta*-Stellung nicht in Konjugation zur NH_2-Gruppe treten.

In den folgenden Beispielen geht es um den pK_a-Wert von Phenolderivaten, und zwar in Abhängigkeit von Elektronenakzeptoren, welche die konjugierte Base stabilisieren (und so den pK_a-Wert erniedrigen), sowie von Elektronendonoren, welche die konjugierte Base destabilisieren:

| pKa | 9,94 | 10,19 | 8,35 | 7,14 |

Eine Nitrogruppe in *meta*-Stellung wirkt aufgrund ihres elektronenanziehenden Charakters und nicht über Mesomerie-Effekte. Vergleicht man die pK_a-Werte der beiden Nitrophenole miteinander, erkennt man, dass der mesomere Effekt (Nitrogruppe in *para*-Stellung) stärker ist als der induktive Effekt (Nitrogruppe in *meta*-Stellung).

17 Energetische Aspekte von chemischen Reaktionen

Worum es geht:
Übergangszustand, Aktivierungsenergie, reaktive Zwischenstufe, Arrhenius-Gleichung

Die Energieänderung, die bei einer chemischen Reaktion auftritt, kann mithilfe eines Energiediagramms dargestellt werden, bei dem die Energie (oder freie Enthalpie $\Delta G°$) gegen die Reaktionskoordinate aufgetragen wird.

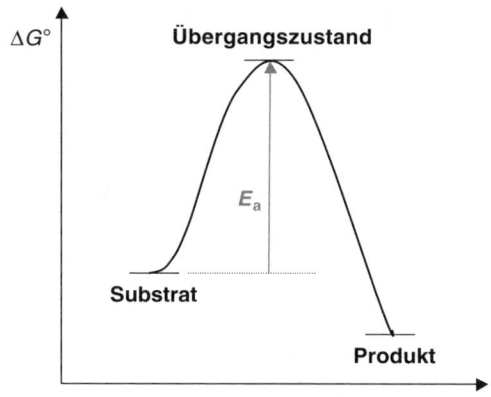

Definitionen

Den Punkt der höchsten Energie bei einer chemischen Reaktion nennt man den ***Übergangszustand***.

Ein Übergangszustand kann nicht isoliert werden; man kann ihn sich als die Struktur vorstellen, bei der die Bindungen des Substrats gerade gebrochen werden und die des Produkts gerade entstehen.

Die Energie, die zum Erreichen des Übergangszustands aufgewendet werden muss, wird als ***Aktivierungsenergie E_a*** bezeichnet.

Die Reaktionsgeschwindigkeit steht in direktem Zusammenhang mit der Aktivierungsenergie. Je höher die Aktivierungsenergie, desto langsamer verläuft die Reaktion (geringe Geschwindigkeit).

Bei einer schnellen Reaktion ist die Aktivierungsenergie niedrig. Die Beziehung, welche die Geschwindigkeit einer Reaktion und die Aktivierungsenergie einer Reaktion miteinander verknüpft, ist die ***Arrhenius-Gleichung:***

$$k = A \cdot e^{-\frac{E_a}{RT}}$$

wobei k = Reaktionsgeschwindigkeitskonstante, A = die von der jeweiligen Reaktion abhängige Arrhenius-Konstante, $R = 8{,}314$ J·mol^{-1}·K^{-1} und T = Temperatur (in K).

Bei einer mehrstufigen (d. h. in mehr als einem Schritt ablaufenden) Reaktion kommt es zur Bildung einer oder mehrerer Zwischenstufen, die man auch ***reaktive Intermediate (Zwischenprodukte)*** nennt.

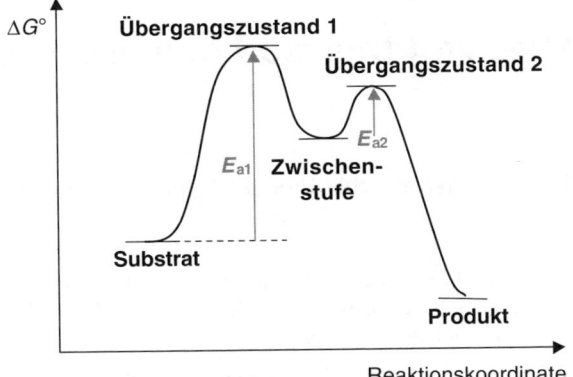

Im Gegensatz zum Übergangszustand ist eine Zwischenstufe eine Struktur mit endlicher Lebensdauer, auch wenn es sich dabei um eine relativ instabile, energiereiche Struktur handelt. In einem Energiediagramm entspricht sie dem Energieminimum zwischen zwei Übergangszuständen („Tal"), während der Übergangszustand dem Energiemaximum („Gipfel") entspricht. Jede Zwischenstufe resultiert aus einem Übergangszustand.

18 Kinetische und thermodynamische Kontrolle

Worum es geht:
Kinetisches Produkt, thermodynamisches Produkt, Hammond-Postulat, exergonisch, endergonisch

Bei der chemischen Umwandlung eines Substrats, bei der auf zwei konkurrierenden Reaktionswegen zwei unterschiedliche Produkte entstehen können, kann die Produktzusammensetzung auf zweierlei Weise kontrolliert werden:

- entweder durch die Gleichgewichtslage des Systems, d. h. über die relative Stabilität der gebildeten Produkte (man spricht davon, dass die Reaktion unter *thermodynamischer Kontrolle* steht),
- oder durch die konkurrierenden Bildungsgeschwindigkeiten der Produkte (in diesem Fall unterliegt die Reaktion *kinetischer Kontrolle*).

Nachstehend ist das Energiediagramm für die Umwandlung von **R** in **A** bzw. **B** dargestellt.

A ist das thermodynamische Produkt. Es ist stabiler als **B**, da seine Energie niedriger ist als die von **B** ($\Delta G_A° > \Delta G_B°$).

Bei **B** handelt es sich um das kinetische Produkt, das schneller gebildet wird als **A**, weil der zu **B** führende Übergangszustand eine niedrigere Energie besitzt als der Übergangszustand, der zu **A** führt ($E_{aB} < E_{aA}$). Durch Wahl geeigneter Reaktionsbedingungen kann man die Reaktion so steuern, dass es bevorzugt zur Bildung eines der beiden Produkte **A** oder **B** kommt.

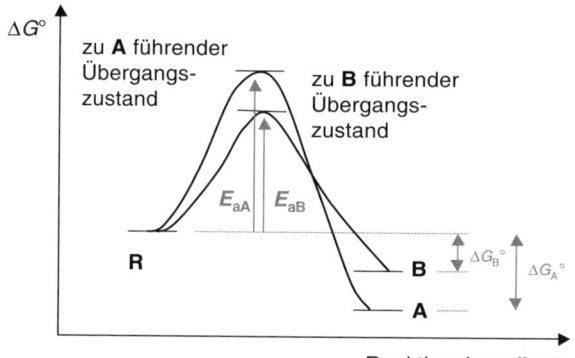

Hammond-Postulat

In Kapitel 17 haben wir gesehen, dass die Geschwindigkeit einer chemischen Reaktion durch die Energie des Übergangszustands bestimmt wird. Allerdings ist es nicht möglich, den Übergangszustand im Detail zu beschreiben. Das *Hammond-Postulat* besagt, dass man in geeigneten Fällen die Struktur des Übergangszustands aus der Struktur des Substrats bzw. des Produkts ableiten kann.

- Bei einer exergonischen Reaktion ($\Delta G° < 0$) (spontane Reaktion) ähnelt die Struktur des Übergangszustands der Struktur des Substrats.

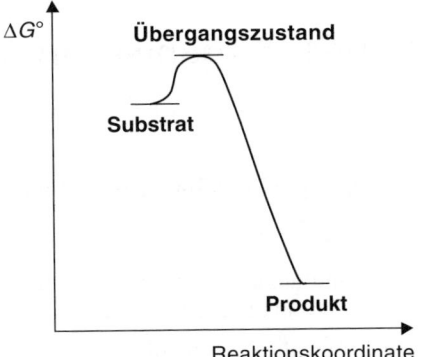

- Bei einer endergonischen Reaktion ($\Delta G^\circ > 0$) ähnelt die Struktur des Übergangszustands der Struktur des Produkts.

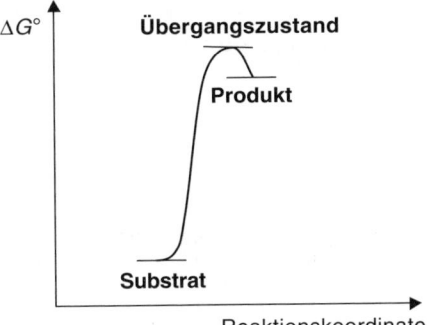

Das Hammond-Postulat zeigt also, dass der Übergangszustand entweder dem Substrat (Fall 1) oder dem Produkt bzw. einer Zwischenstufe (Fall 2) ähnelt.

Worum es geht:
Elektrophil, Nucleophil, Radikal, Addition, Eliminierung, Substitution, Umlagerung,
Oxidation, Reduktion

Im Verlauf von chemischen Umwandlungen kommt es in den Substraten zum Bruch von Bindungen und in den Produkten zur Bildung neuer Bindungen.

Chemische Bindungen können auf zwei unterschiedliche Arten gespalten werden:

- entweder durch heterolytischen Bindungsbruch unter Bildung geladener Teilchen, wobei das elektronegativere Atom beide Bindungselektronen erhält:

$$X-Y \rightarrow X^+ + Y{:}^-$$

- oder durch homolytischen Bindungsbruch unter Bildung von Radikalen, wobei jedes Atom ein Bindungselektron erhält:

$$X-Y \rightarrow X^\bullet + Y^\bullet$$

1. Reaktive Zwischenstufen

Zur Ausbildung einer neuen Bindung kommt es im Verlauf einer Reaktion im Allgemeinen dadurch, dass ein elektronenreiches Teilchen (Nucleophil) mit einem elektronenarmen Teilchen (Elektrophil) reagiert.

▶ **Elektrophile**

Ein Elektrophil ist ein Teilchen, das positiv geladen ist, eine Elektronenlücke ($\square$) aufweist oder aufgrund einer polarisierten Bindung eine positive Partialladung (δ^+) hat.

$$\overset{\oplus}{\underset{/}{\overset{\backslash}{C}}}{-} \qquad \text{oder} \qquad \square BH_3 \qquad \text{oder} \qquad \overset{\delta+ \ \delta-}{\underset{/}{\overset{\backslash}{C}}{-}X} \qquad \text{(mit X = Halogen)}$$

▶ **Nucleophile**

Ein Nucleophil ist ein Teilchen, das negativ geladen ist oder aufgrund eines freien Elektronenpaars einen Elektronenüberschuss aufweist.

$$\overset{\ominus}{\underset{/}{\overset{\backslash}{C}}}{-} \qquad \text{oder} \qquad R\ddot{\underset{\cdot\cdot}{O}}{:}^{\ominus} \qquad \text{oder} \qquad R\ddot{N}H_2$$

▶ **Radikale**

Ein Radikal ist ein Teilchen, das durch homolytischen Bindungsbruch entsteht. Es verfügt über ein ungepaartes Elektron und wird z. B. durch C• dargestellt. Zur Bildung einer neuen chemischen Bindung trägt es nur ein Elektron bei.

2. Typen chemischer Reaktionen

Man kann die Reaktionen der Organischen Chemie in unterschiedliche Reaktionstypen einteilen:

▶ Addition

Bei einer Addition lagern sich Atome oder Moleküle an eine ungesättigte Doppel- oder Drei-fachbindung, aus zwei Molekülen entsteht ein neues Molekül:

$$CH_3-CH=CH-CH_3 \quad + \quad HBr \quad \longrightarrow \quad CH_3-\underset{\underset{H}{|}}{CH}-\underset{\underset{Br}{|}}{CH}-CH_3$$

▶ Eliminierung

Die Eliminierung ist die Umkehr der Addition; aus einem Molekül entstehen zwei neue Mo-leküle:

$$CH_3-\underset{\underset{H}{|}}{CH}-\underset{\underset{OH}{|}}{CH}-CH_3 \quad \longrightarrow \quad CH_3-CH=CH-CH_3 \quad + \quad H_2O$$

▶ Substitution

Bei einer Substitution verändert sich die Koordinationszahl des C-Atoms nicht; ein Atom oder eine Atomgruppe ersetzt ein anderes Atom bzw. eine andere Atomgruppe:

$$CH_3-CH_2-Cl \quad + \quad NaI \quad \longrightarrow \quad CH_3-CH_2-I \quad + \quad NaCl$$

▶ Umlagerung

Innerhalb eines Moleküls werden bestimmte Bindungen gespalten und andere, neue Bindun-gen ausgebildet:

$$CH_3O\text{—} \quad \xrightarrow{\Delta} \quad CH_3O\text{—}$$

▶ Oxidation

Bei einer Oxidation nimmt die Oxidationsstufe des C-Atoms zu:

$$CH_3-CH_2-CH_2-OH \quad \xrightarrow{[Ox]} \quad CH_3-CH_2-CH=O$$

▶ Reduktion

Bei einer Reduktion nimmt die Oxidationsstufe des C-Atoms ab:

$$CH_3CH_2-\underset{\underset{O}{\|}}{\overset{\overset{O-CH_3}{|}}{C}} \quad \xrightarrow{[Red]} \quad CH_3-CH_2-CH_2-OH$$

20 Alkane

Worum es geht:
Gesättigter Kohlenwasserstoff, katalytisches Cracken, Reforming, Verbrennung, Halogenierung, Radikalkettenreaktion

Alkane sind **gesättigte Kohlenwasserstoffe**, also Verbindungen, die nur aus Kohlenstoff und Wasserstoff bestehen und ausschließlich C–C- und C–H-Einfachbindungen enthalten.

Alkane werden überwiegend aus Erdgas und Erdöl gewonnen. Während das Erdgas vorwiegend Methan (CH_4) enthält, besteht das Erdöl aus einem Gemisch sehr vieler Kohlenwasserstoffe.

1. Eigenschaften von Alkanen

Die physikalischen Eigenschaften der Alkane – etwa ihr **Schmelzpunkt** und **Siedepunkt** – hängen von der Länge ihrer Kohlenstoffkette ab. Sieht man sich die Reihe der unverzweigten Alkane mit der Summenformel C_nH_{2n+2} ($1 \leq n \leq 10$) an, kann man erkennen, dass ihre Siedepunkte regelmäßig zunehmen.

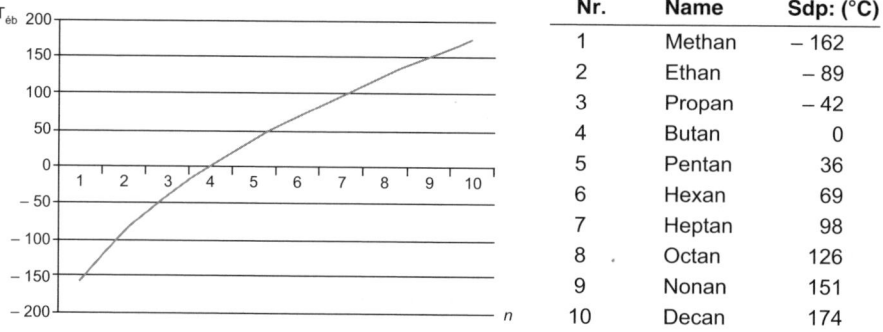

Nr.	Name	Sdp: (°C)
1	Methan	– 162
2	Ethan	– 89
3	Propan	– 42
4	Butan	0
5	Pentan	36
6	Hexan	69
7	Heptan	98
8	Octan	126
9	Nonan	151
10	Decan	174

Bei Raumtemperatur liegen die Kohlenwasserstoffe, die bis zu vier C-Atome enthalten (also Methan, Ethan, Propan, Butan) gasförmig vor. Ab Pentan liegen sie als Flüssigkeiten vor, und von Octadecan (C_{18}) an sind sie fest.

Durch Destillation des Rohöls erhält man in Abhängigkeit vom Siedepunkt drei Hauptfraktionen: Benzin, Kerosin und Diesel. Unter vermindertem Druck destillieren bei hohen Temperaturen die Schmieröle über. Der nichtdestillierbare Rückstand ist Asphalt.

Die ausschließlich durch Destillation von Erdöl erhältlichen Alkane sind Treibstoffe minderwertiger Qualität; durch **Raffinierung** kann man höherwertige Treibstoffe gewinnen. Durch **katalytisches Cracken** der Kerosinfraktion (Gemisch von Kohlenwasserstoffen der Kettenlänge C_{11} bis C_{14}) gelangt man zu kleineren Kohlenwasserstoffmolekülen (C_3 bis C_5). Durch anschließende Rekombination gelingt es, Alkane der Kettenlänge C_7 bis C_{10} zu gewinnen, die als Benzin verwendet werden können. Als **Reforming** bezeichnet man den Prozess, mit dem sich Alkane der Kettenlänge C_6 bis C_8 in aromatische Verbindungen (Benzol, Toluol etc.) umwandeln lassen.

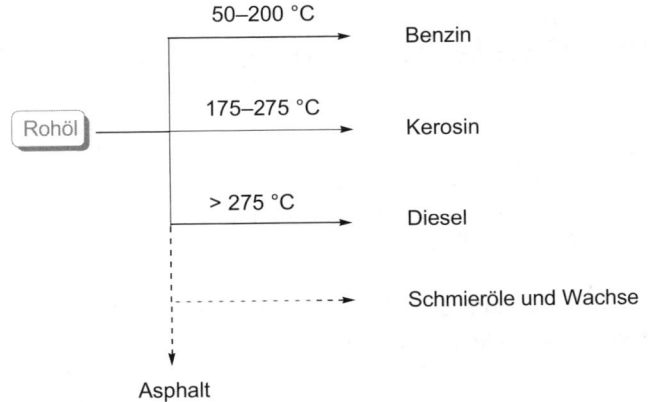

2. Reaktivität von Alkanen

Alkane sind außergewöhnlich stabile Verbindungen, die aufgrund ihrer unpolaren Bindungen nur eine geringe Reaktivität aufweisen. Dennoch lassen sich Alkane verbrennen und gehen auch Halogenierungsreaktionen ein.

▶ Verbrennung von Alkanen

Häufig werden Alkane als Brennstoffe eingesetzt. Auch in Motoren reagieren Alkane mit molekularem Sauerstoff (O_2) unter Verbrennung zu Kohlenstoffdioxid und Wasser:

$$C_nH_{2n+2} \;+\; \left(\frac{3n+1}{2}\right) O_2 \;\longrightarrow\; n\,CO_2 \;+\; (n+1)\,H_2O$$

Diese Verbrennung ist stark exotherm, d. h. es wird eine große Menge an Wärme freigesetzt.

▶ Halogenierung von Alkanen

In Gegenwart von Licht ($h\nu$) reagieren Alkane mit Halogenen unter Bildung der entsprechenden Halogenalkane. Dabei handelt es sich um eine *Radikalkettenreaktion*. Unter der Einwirkung von Licht findet zunächst eine homolytische Spaltung der Halogen-Halogen-Bindung statt, bei der zwei Radikale X• entstehen (Kettenstartreaktion). Im nächsten Schritt kommt es zur Spaltung der C–H-Bindung des Alkans. Dabei wird ein Kohlenstoffradikal C• gebildet, das im dritten Schritt mit X_2 reagiert und unter Ausbildung der C–X-Bindung das Halogenalkan liefert (Kettenfortpflanzungsreaktion). Dieser Prozess setzt sich fort, bis die gesamte Menge an Alkan verbraucht ist. Im Fall der Chlorierung von Methan kann man den Reaktionsmechanismus folgendermaßen darstellen:

Kettenstartreaktion	$Cl_2 \xrightarrow{\;h\nu\;} 2\,Cl^{\bullet}$
Kettenfortpflanzungsreaktionen	$CH_4 + Cl^{\bullet} \longrightarrow CH_3^{\bullet} + HCl$
	$CH_3^{\bullet} + Cl_2 \longrightarrow CH_3Cl + Cl^{\bullet}$
Kettenabbruchreaktion	$CH_3^{\bullet} + Cl^{\bullet} \longrightarrow CH_3Cl$

Alkene: Darstellung und elektrophile Addition

Worum es geht:
Olefin, ungesättigter Charakter, *E*-Alken, *Z*-Alken, elektrophile Addition, Hydrohalogenierung, Hydratisierung, Halogenierung, Carbeniumion, Markovnikov, *anti*-Markovni-
kov, Racemisierung, Kharasch-Effekt

Ein Alken oder Olefin enthält eine C–C-Doppelbindung, die dem Molekül seinen ungesättigten Charakter verleiht. Diese Doppelbindung besteht aus einer σ-Bindung (Sigma-Bindung)
und einer π-Bindung (Pi-Bindung). Die π-Bindung ist energieärmer als die σ-Bindung; folglich ist sie reaktiver. Dies erklärt auch, warum man an einer Doppelbindung, die sich wie ein
Elektronenreservoir verhält, Additionen durchführen kann.

Zur Darstellung von Alkenen existieren zahlreiche Methoden, die im Folgenden detailliert vor-
gestellt werden.

1. Darstellung von Alkenen

a) Reduktion von Alkinen

Alkene lassen sich durch Reduktion von Alkinen gewinnen. Je nachdem, welches Reagenz
man dazu benutzt, erhält man entweder *Z*- oder *E*-Alkene (Kapitel 24). Führt man die Hydrierung in Gegenwart eines vergifteten Palladiumkatalysators (Lindlar-Katalysator) durch, so erhält man ein Alken mit *Z*-Stereochemie, während die Reduktion des Alkins mit Natrium in
flüssigem Ammoniak das *E*-Alken liefert.

b) Eliminierung

Die Einwirkung einer Base auf ein Halogenalkan führt zum entsprechenden Alken (Kapitel
30).

c) Dehydratisierung von Alkoholen

Unter sauren Bedingungen können Alkohole dehydratisiert werden. Dabei verlieren sie ein
Molekül Wasser, und es entsteht das entsprechende Alken (Kapitel 34).

d) Wittig-Reaktion

Bei der Wittig-Reaktion reagiert ein Phosphorylid mit einer Carbonylverbindung (Aldehyd
oder Keton) unter Bildung eines Alkens. Die *Z*- bzw. *E*-Konfiguration des Alkens wird u. a.
durch die Struktur des eingesetzten Ylids bestimmt (Kapitel 40).

$$R',H \overset{R}{\diagdown}C=O \quad + \quad Ph_3P\overset{\oplus}{\underset{\ominus}{-}}\overset{R''}{\diagup} \quad \longrightarrow \quad \overset{R}{\underset{R',H}{\diagup}}=\overset{R''}{\underset{}{\diagdown}} \quad \text{und/oder} \quad \overset{R}{\underset{R',H}{\diagup}}=\overset{R''}{\underset{}{\diagup}}$$

Phosphorylid

2. Elektrophile Additionen an Alkenen

a) Addition von HX: Hydrohalogenierung

Bei dieser Reaktion handelt es sich um die Addition einer Säure HX an die Doppelbindung eines Alkens. Dabei entsteht das entsprechende Halogenalkan. Die Reaktion verläuft in zwei Schritten; ihre Regioselektivität wird von der Stabilität des im ersten Reaktionsschritt gebildeten Carbeniumions bestimmt. Im Allgemeinen ist ein tertiäres Carbeniumion stabiler als ein sekundäres, und dieses ist wiederum stabiler als ein primäres Carbeniumion. Allerdings können Carbeniumionen durch Konjugation stabilisiert werden (Kapitel 14 und Kapitel 15).

Der erste Reaktionsschritt ist reversibel, da das Carbeniumion ein instabiles und somit reaktives Teilchen ist. Ist das Carbeniumion erst einmal entstanden, reagiert es mit dem *in situ* gebildeten Nucleophil X⁻ unter Bildung des Additionsprodukts ab.

Die Regioselektivität der Addition gehorcht der **Markovnikov-Regel**, da im langsamen Schritt das **stabilere Carbeniumion** gebildet wird.

Betrachtet man z. B. die Reaktion von Propen mit Chlorwasserstoff, dann sind zwei Additionsprodukte denkbar: das 2-Chlorpropan und das 1-Chlorpropan. Gebildet wird bei dieser Reaktion aber nur das 2-Chlorpropan.

$$CH_3CH=CH_2 \xrightarrow{\text{HCl}} \underset{\underset{Cl}{|}}{CH_3CH}-\underset{\underset{H}{|}}{CH_2} \quad \text{aber nicht} \quad \underset{\underset{H}{|}}{CH_3CH}-\underset{\underset{Cl}{|}}{CH_2}$$

2-Chlorpropan   1-Chlorpropan

Die Regioselektivität dieser Umsetzung wird durch den ersten Reaktionsschritt bestimmt, in dessen Verlauf das π-System der Doppelbindung das Proton angreift. Als Zwischenstufe entsteht ein Carbeniumion. Dieser langsame Schritt ist der geschwindigkeitsbestimmende Schritt der Reaktion. Das Abfangen des Carbeniumions durch das Chloridion verläuft dagegen schnell. Im ersten Schritt kann sich das Proton grundsätzlich an jedes der beiden C-Atome der Doppelbindung anlagern. Somit können zwei Carbeniumionen entstehen, von denen aber immer nur das stabilere gebildet wird.

Im Fall der Addition von HCl an Propen ergäbe also die Addition des Protons an den inneren Kohlenstoff ein primäres Carbeniumion, während die Protonierung des terminalen Kohlenstoffs zur Bildung eines sekundären Carbeniumions führen würde. Tatsächlich entsteht bei dieser Reaktion aber nur das stabilere sekundäre Carbeniumion als Zwischenprodukt, sodass letztlich 2-Chlorpropan gebildet wird.

CH$_3$CH$_2$CH$_2^{\oplus}$ $\longrightarrow$ CH$_3$CH–CH$_2$ 1-Chlorpropan
                                        | |
                                        H   Cl

primäres Carbeniumion
(nicht beobachtet)

H$^+$

CH$_3$CH=CH$_2$

$\overset{\oplus}{\text{CH}_3\text{CHCH}_3}$ $\longrightarrow$ CH$_3$CH–CH$_2$ 2-Chlorpropan
                                        | |
                                        Cl   H

sekundäres Carbeniumion
(bevorzugt)

Das im ersten Schritt gebildete Carbeniumion ist *planar*: Die drei Substituenten am Kohlenstoff befinden sich also in derselben Ebene. Ein Carbeniumion ist ein elektrophiles Teilchen mit einem leeren p-Orbital, das auf elektronenreiche Teilchen begierig ist und daher mit Nucleophilen sehr schnell reagiert. Aufgrund der planaren Struktur des Carbeniumions kann das Nucleophil das Carbeniumion sowohl von unten als auch von oben angreifen. Da 50 % der Angriffe von unten und 50 % von oben erfolgen, kommt es zur *Racemisierung* dieses Zentrums.

Ein Carbeniumion mit einem Elektronendefizit ist dann besonders stabil, wenn sich in seiner Nähe Gruppen befinden, die es stabilisieren. Dies kann durch induktive oder durch mesomere Donoreffekte geschehen.

Um eine Hydrohalogenierung mit umgekehrter, d. h. *anti-Markovnikov*-Regioselektivität zu erreichen, muss man anstatt unter ionischen unter *radikalischen Bedingungen* arbeiten – der sog. *Kharasch-Effekt*. Dafür benötigt man einen Radikalinitiator wie Licht oder ein Peroxid (ROOR).

Diese radikalische Kettenreaktion beginnt mit einer *Kettenstartreaktion*, bei der es durch homolytischen Bruch der RO–OR-Bindung zur Radikalbildung und anschließend zur Bildung eines Br•-Radikals kommt. Im zweiten Schritt, der *Kettenfortpflanzung*, führt der Angriff des Br•-Radikals auf die Doppelbindung zur Bildung eines neuen Radikals. Dabei wird generell nur das stabilere Radikal gebildet, das im Folgenden zu dem Additionsprodukt abreagiert, bei dem sich das Halogenatom am niedriger substituierten Kohlenstoff der ursprünglichen Doppelbindung befindet.

Startreaktion   RO–OR $\longrightarrow$ 2 RO$^\bullet$

RO$^\bullet$ + H–Br $\longrightarrow$ RO–H + Br$^\bullet$

Kettenfortpflanzung

stabiler   weniger stabil

Im letzten Reaktionsschritt, der **Kettenabbruchreaktion**, reagieren zwei Radikale unter Bildung eines neutralen Moleküls.

b) Addition von H_2O: Hydratisierung

Die Hydratisierung ist eine Additionsreaktion von Wasser (H–OH). Sie läuft allerdings nur in Gegenwart eines sauren Katalysators, d. h. von H^+-Ionen, ab. Bei den üblicherweise eingesetzten sauren Katalysatoren handelt es sich um Schwefelsäure (H_2SO_4) oder um *para*-Toluolsulfonsäure (PTSA), deren Gegenionen so wenig nucleophil sind, dass sie das intermediär gebildete Carbeniumion nicht angreifen können.

$$PTSA = H_3C{-}\!\!\bigcirc\!\!{-}SO_3H$$

Die Säure wird in katalytischen Mengen eingesetzt und am Ende der Reaktion wieder freigesetzt. Die Regioselektivität der Reaktion entspricht der Regioselektivität der Hydrohalogenierung, da sie durch die Stabilität des intermediär gebildeten Carbeniumions bestimmt wird (Markovnikov-Regel).

Die Addition von Wasser kann auch mit umgekehrter Regioselektivität durchgeführt werden (*anti*-Markovnikov); dies gelingt durch die Hydroborierung von Alkenen mit anschließender Oxidation (Kapitel 22).

c) Addition von X_2: Halogenierung

Die Addition eines Halogenmoleküls X_2 an ein Alken führt zu einem 1,2-Dihalogenalkan. Bei der Halogenierung kommt es zunächst zur Bildung eines **verbrückten Haloniumions**. Der Angriff des Halogenidanions erfolgt dann von der dem verbrückten Haloniumion gegenüberliegenden Seite aus. Dabei kommt es zur Bildung eines 1,2-Dihalogenalkans mit den Halogenatomen in *anti*-Stellung. Man spricht davon, dass die Addition von X_2 als *anti*-Addition an die Doppelbindung abläuft.

Bromoniumion

Allerdings gehorchen diesem Mechanismus nur die Halogenierungen mit Br_2 und I_2. Führt man die Addition dagegen mit Cl_2 durch, dann verläuft sie nicht über das verbrückte Haloniumion. Vielmehr findet eine direkte Addition an die Doppelbindung unter Ausbildung eines Carbeniumions statt, das abschließend von beiden Seiten durch das Chloridanion angegriffen werden kann.

> **Worum es geht:**
> Hydrierung, Hydroborierung, Epoxidierung, Dihydroxylierung, Ozonolyse

Unter Reduktion versteht man die Aufnahme (Addition) von H-Atomen bzw. den Verlust von O-Atomen; eine Oxidation dagegen ist der Verlust von H-Atomen bzw. eine Addition von O-Atomen.

1. Hydrierung

Als Hydrierung bezeichnet man die Addition eines Wasserstoffmoleküls (H_2) an die C=C-Bindung eines Alkens, das dabei zum entsprechenden Alkan reduziert wird. Diese Reaktion erfordert die Gegenwart eines Metallkatalysators (Pd, Pt, Ni). Die Reaktion verläuft mit *syn*-Stereochemie; das bedeutet, dass sich die beiden H-Atome auf derselben Seite der Doppelbindung anlagern.

2. Hydroborierung

Durch Hydroborierungen gelingt die Addition von Wasser an Alkene entgegen der **Markovnikov**-Regel. Diese Reaktion verläuft stereospezifisch und regioselektiv. Als Produkt erhält man den Alkohol, bei dem sich die OH-Gruppe am weniger hoch substituierten C-Atom befindet. Die Reaktion läuft in zwei Schritten ab: Im ersten Reaktionsschritt, einer *syn*-Hydroborierung (Addition von H–BH_2 auf derselben Seite der Doppelbindung des Alkens), addiert sich das Bor an das weniger gehinderte C-Atom der Doppelbindung. Der zweite Schritt besteht in der Oxidation des intermediär gebildeten Borans durch Wasserstoffperoxid unter basischen Bedingungen.

nicht beobachtetes Produkt, da sich das Bor hier am stärker gehinderten C-Atom befindet

3. Epoxidierung

Alkene reagieren im engen Zusammenspiel mit einer Persäure (RCO_3H) zu Epoxiden (auch Oxirane genannt). Die hierfür am häufigsten eingesetzte Persäure ist die *meta*-Chlorperbenzoesäure (*m*CPBA).

Bei der Epoxidierung wird die Persäure zu der entsprechenden Carbonsäure reduziert.

Wird eine Verbindung mit mehreren Doppelbindungen mit einem einzigen Äquivalent Persäure umgesetzt, erfolgt die Epoxidierung bevorzugt an der elektronenreichsten Doppelbindung. Unter wässrigen, sauren oder basischen Bedingungen kommt es zur Ringöffnung des Epoxids, die zur Bildung von *anti*-1,2-Diolen führt (Kapitel 34).

4. Dihydroxylierung

Unter Dihydroxylierung versteht man eine Oxidation, bei der man durch *syn*-Addition *syn*-1,2-Diole erhält. Dazu wird das Alken mit einer verdünnten Kaliumpermanganat(KMnO$_4$)-Lösung als Reagenz bei niedrigen Temperaturen umgesetzt. (Verwendet man konzentrierte Lösungen von KMnO$_4$ bei höheren Temperaturen, kommt es zum Bruch der C–C-Bindung).

syn-Dihydroxylierung

Dihydroxylierungen gelingen auch mit Osmiumtetroxid (OsO$_4$) als Reagenz; OsO$_4$ ist allerdings sehr giftig und wird daher in der Regel nur in katalytischen Mengen eingesetzt. Durch Zugabe von Wasserstoffperoxid als Kooxidans lässt sich das OsO$_4$ regenerieren.

5. Ozonolyse

Ozon (O$_3$) ermöglicht die oxidative Spaltung von Doppelbindungen zu Ketonen oder Aldehyden. Welches Produkt man erhält, hängt vom Substitutionsgrad der Doppelbindung ab. Entsteht ein Aldehyd, so kann dieser durch das bei der Ozonolyse ebenfalls gebildete H$_2$O$_2$ leicht zur entsprechenden Carbonsäure oxidiert werden. Um eine solche Weiteroxidation zu vermeiden, führt man die Ozonolyse in Gegenwart eines Reduktionsmittels (Zn, (CH$_3$)$_2$S, PPh$_3$ usw.) durch.

23 Diene

Worum es geht:
Konjugierte Addition, Cycloaddition, Diels-Alder-Reaktion, Dienophil

Diene sind Verbindungen mit zwei C–C-Doppelbindungen im Molekül. Sind die beiden Doppelbindungen durch mehr als eine Einfachbindung voneinander getrennt, dann ist die Reaktivität des Diens mit der Reaktivität von Alkenen vergleichbar. Wenn es sich allerdings um ein *konjugiertes* Dien handelt, also um ein Dien, bei dem die beiden Doppelbindungen nur durch eine C–C-Einfachbindung voneinander getrennt sind, dann verfügt dieses Dien über eine besondere Reaktivität. Um genau diese Art von Dienen, die man auch *1,3-Diene* nennt, geht es in diesem Kapitel.

Hexa-1,4-dien
nichtkonjugiertes Dien

Penta-1,3-dien
konjugiertes Dien

1. Konjugierte Addition

Auch wenn konjugierte Diene aus Gründen der Resonanz thermodynamisch stabiler sind als nichtkonjugierte, so zeigen sie kinetisch gesehen dennoch eine höhere Reaktivität gegenüber Elektrophilen. Beispielsweise isoliert man bei der Addition von HBr an 1,3-Butadien die beiden Additionsprodukte 3-Brom-1-buten und 1-Brom-2-buten im Verhältnis von 80 : 20.

HBr

3-Brom-1-buten
80 %

+

1-Brom-2-buten
20 %

Die Bildung der im Unterschuss entstehenden Verbindung (Nebenprodukt), die man auch das *1,4-Addukt* nennt (also das Produkt, bei dem sich das H- und das Br-Atom an die C-Atome 1 und 4 des Diens addiert haben), kann durch das Auftreten eines resonanzstabilisierten Allylkations als Intermediat erklärt werden. Dieses thermodynamisch stabilisierte Carbeniumiom wird durch ein Nucleophil angegriffen. Erfolgt dieser Angriff am „inneren" Kohlenstoff, wird das Hauptprodukt 3-Brom-1-buten gebildet. Findet der Angriff am terminalen Kohlenstoff statt, entsteht das 1,4-Addukt.

Allylkation

1,2-Addition

1,4-Addition

Br

3-Brom-1-buten

1-Brom-2-buten

2. Diels-Alder-Reaktion

Als Diels-Alder-Reaktion bezeichnet man die Addition eines Alkens oder Alkins (eines sog. Dienophils) an ein konjugiertes Dien unter Bildung eines Cyclohexenderivats. Dabei handelt es sich um eine **Cycloaddition** zwischen den π-Systemen des Diens und des Dienophils, bei der die neuen Bindungen simultan und stereospezifisch gebildet werden. Initiiert wird eine solche Reaktion einfach durch Erhitzen. Die zwei einfachsten Beispiele für diesen Reaktionstyp sind die Addition von Ethen (Ethylen) bzw. Ethin (Acetylen) an 1,3-Butadien. Als Diels-Alder-Produkte entstehen dabei Cyclohexen bzw. Cyclohexa-1,4-dien.

20 %

In beiden Fällen sind die entsprechenden Diels-Alder-Produkte aber nur in geringen Ausbeuten erhältlich. Dies liegt daran, dass der Verlauf der Diels-Alder-Reaktion sehr stark von den Substituenten an Dien und Dienophil abhängt. Die Erfahrung zeigt, dass Diels-Alder-Reaktionen immer dann sehr leicht ablaufen, wenn es zur Reaktion zwischen einem elektronenarmen Dienophil (elektronenanziehende Gruppen als Substituenten) und einem elektronenreichen Dien (elektronenschiebende Gruppen als Substituenten) kommt. Ein solcher Fall ist die Cycloaddition zwischen 2,3-Dimethyl-1,3-butadien und Propenal (Acrolein), bei der das Diels-Alder-Produkt mit 90 % Ausbeute isoliert wird.

90 %

Damit die Diels-Alder-Reaktion überhaupt ablaufen kann, muss das Dien die thermodynamisch benachteiligte *s-cis*-Konformation (Doppelbindungen in *cis*-Stellung zur Einfachbindung) einnehmen.

keine Reaktion

s-trans-Dien
unreaktiv

s-cis-Dien
reaktiv

s-trans-Dien

keine Reaktion

Cycloadditionen dieses Typs verlaufen unter Orbitalkontrolle. Dies führt im Fall cyclischer Diene in der Regel zur bevorzugten Bildung des *endo*-Stereoisomers, auch wenn das *exo*-Stereoisomer thermodynamisch meistens stabiler ist.

endo im Überschuss
gebildet

exo im Unterschuss
gebildet

Hervorgerufen wird diese Selektivität durch sekundäre Orbitalwechselwirkungen zwischen dem π-System des Diens und dem π-System der ungesättigten Substituenten im Dienophil.

Alkine (Acetylene) sind durch eine Dreifachbindung gekennzeichnet, die aus einer σ- und zwei π-Bindungen aufgebaut ist. Aufgrund des doppelt ungesättigten Charakters der Dreifachbindung können eine oder zwei Additionen stattfinden.

1. Darstellung von Alkinen

Die beiden wichtigsten Methoden zur Herstellung von Alkinen sind die doppelte Eliminierung von 1,2-Dihalogenalkanen sowie die Alkylierung mit Alkinylanionen. Ausgehend von 1,2-Dihalogenalkanen (auch vicinale Dihalogenalkane genannt) entsteht bei der Dehydrohalogenierung unter basischen Bedingungen zunächst ein Halogenalken, das eine zweite Eliminierung eingeht und das entsprechende Alkin ergibt.

Alkine können auch ausgehend von terminalen Alkinen im Basischen durch Reaktion des Alkinylanions mit alkylierenden Substanzen gebildet werden, wie unten zu sehen ist.

2. Reaktivität von terminalen Alkinen: Acidität

Terminale Alkine haben einen pK_a-Wert von etwa 25 und damit leicht sauren Charakter. Dies ist auf den im Vergleich zu den Alkenen oder Alkanen erhöhten s-Charakter der Hybridorbitale des Kohlenstoffs terminaler Alkine zurückzuführen, der ihre Reaktivität gegenüber starken Basen wie n-BuLi oder $NaNH_2$ erklärt. Das Alkinylanion, das durch Deprotonierung mit einer starken Base gebildet wird, kann anschließend mit verschiedenen Elektrophilen reagieren. Dabei entsteht ein disubstituiertes Alkin.

3. Reaktivität der π-Bindung

a) Reduktion von Alkinen

Die Reduktion von Alkinen kann entweder durch katalytische Hydrierung oder durch Reaktion mit metallischem Natrium in flüssigem Ammoniak erfolgen. Die katalytische Hydrierung verläuft unter denselben Bedingungen wie bei den Alkenen. Die Hydrierung in Gegenwart von Pd/C oder Pt führt direkt zum entsprechenden Alkan.

$$C_2H_5-C{\equiv}C-CH_3 \xrightarrow[Pd/C]{H_2} \left[\begin{array}{c} C_2H_5 \diagdown \diagup CH_3 \\ C{=}C \\ H H \end{array} \right] \longrightarrow C_2H_5CH_2CH_2CH_3$$

Alken (nicht isolierbar)

Die Reduktion lässt sich aber auch auf der Stufe des Alkens anhalten, indem man modifizierte Katalysatoren wie den Lindlar-Katalysator (durch Calciumcarbonat ausgefälltes und durch Blei- und Chinolinacetat deaktiviertes Palladium) einsetzt.

$$C_2H_5-C{\equiv}C-CH_3 \xrightarrow[\substack{Lindlar-\\Katalysator}]{H_2} \begin{array}{c} C_2H_5 \diagdown \diagup CH_3 \\ C{=}C \\ H H \end{array}$$

Z-Alken

Da die katalytische Hydrierung mit *syn*-Stereochemie verläuft, erhält man immer ein Alken mit *Z*-Doppelbindung. Um ein Alkin in ein Alken mit *E*-Konfiguration umzuwandeln, muss man die Reduktion mit metallischem Natrium in flüssigem Ammoniak durchführen.

$$C_2H_5-C{\equiv}C-CH_3 \xrightarrow{Na\,/\,NH_3\;fl.} \begin{array}{c} C_2H_5 \diagdown \diagup H \\ C{=}C \\ H CH_3 \end{array}$$

E-Alken

In diesem Fall besteht der Mechanismus aus vier Schritten: Transfer eines Elektrons, erste Protonierung unter Bildung des stabileren *trans*-Alkenylradikals, zweiter Elektronentransfer, zweite Protonierung.

weniger stabiles *cis*-Alkenylradikal — stabileres *trans*-Alkenylradikal — E-Alken

b) Addition von H₂O

Die Hydratisierung von Alkinen erfolgt im Sauren in Gegenwart von Quecksilbersalzen. Wie bei den Alkenen verläuft die Addition von Wasser im Einklang mit der Markovnikov-Regel und führt zu einem Enol, das spontan durch Tautomerie in das entsprechende Carbonylderivat umgelagert wird. Dementsprechend erhält man bei der Hydratisierung eines terminalen Alkins ein Methylketon.

$$C_2H_5-C{\equiv}C-H \;+\; H_2O \xrightarrow[HgSO_4]{H^{\oplus}} \begin{array}{c} OH \\ | \\ C_2H_5-C{=}CH_2 \end{array} \; \longleftarrow \; \begin{array}{c} O \\ \| \\ C_2H_5-C-CH_3 \end{array}$$

Bei Umsetzung interner unsymmetrisch substituierter Alkine entstehen Ketongemische.

c) Hydroborierung

Die Hydroborierung der Alkine läuft wie die der Alkene regioselektiv ab; dabei entsteht ein Keton, das stabiler ist als das intermediär gebildete Enol.

$$R-C{\equiv}C-R' \xrightarrow{BH_3} \begin{array}{c} R \diagdown \diagup R' \\ C{=}C \\ H BH_2 \end{array} \xrightarrow{H_2O_2\,/\,HO^{\ominus}} \begin{array}{c} R \diagdown \diagup R' \\ C{=}C \\ H OH \end{array} \; \longleftarrow \; \begin{array}{c} R R' \\ \diagup \diagdown \\ H O \end{array}$$

Boran — Enol — Keton

25 Aromatizität

Worum es geht:
Aromatisch, konjugiertes System, Resonanz, Aryl, Phenyl, Benzyl

1. Allgemeines

Benzol, ein Kohlenwasserstoff mit der Summenformel C_6H_6, ist die bekannteste Verbindung aus der Familie der Aromaten. Zunächst kennzeichnete der Begriff *aromatisch* eine Gruppe von Substanzen mit charakteristischem, meist angenehmem Geruch. Heutzutage nennt man Verbindungen aromatisch, wenn sie aufgrund eines planaren Ringsystems mit einer charakteristischen Anzahl von Elektronen besonders stabil sind. Ein Kohlenwasserstoff wird aromatisch genannt, wenn er folgende Bedingungen erfüllt (Hückel-Regel):

- cyclische Verbindung mit konjugierten π-Bindungen
- Vorhandensein eines p-Orbitals an jedem Atom des Rings
- planares Molekül mit Überlappung der p-Orbitale
- $(4n+2)$ delokalisierte π-Elektronen (n ist eine positive ganze Zahl oder Null)

Eine Delokalisierung von Elektronen tritt im Allgemeinen zwischen konjugierten Doppelbindungen oder bei Doppelbindungen mit nichtbindenden Elektronenpaaren auf.

2. Struktur des Benzols: Resonanztheorie

1865 schlug Kekulé für Benzol eine cyclische Struktur vor, die durch permanenten Platzwechsel von Einfach- und Doppelbindungen zustande kommt. Ein solches System wird *konjugiertes System* genannt. Die Planarität von Benzol ist ein besonders interessantes Phänomen. Wie Kekulé hervorhob, gibt es mehrere gleichwertige Formeln für dieses Molekül. Genauer gesagt: Einfach- und Doppelbindungen müssen alternierend im Ring angeordnet sein. Die Struktur des Benzols wurde 1931 durch Röntgendiffraktion aufgeklärt. Danach besetzen die sechs C-Atome die Ecken eines regulären Sechsecks. Die Bindungen zwischen allen C-Atomen sind gleich lang; die Bindungslänge beträgt 0,140 nm und liegt damit zwischen der Bindungslänge für eine Einfachbindung (0,154 nm) und der einer Doppelbindung (0,134 nm). Die sechs H-Atome befinden sich in der gleichen Ebene wie die sechs C-Atome.

Somit lässt sich Benzol nicht durch eine einzige Struktur hinreichend beschreiben, sondern nur als Summe seiner *Grenzformeln*. Immer wenn ein Benzolring als ein Sechsring mit drei Doppelbindungen dargestellt wird, muss man daran denken, dass diese Darstellung nur eine von zwei möglichen Resonanzstrukturen ist. Deshalb wird der Benzolring manchmal auch als regelmäßiges Sechseck mit einem einbeschriebenen Kreis gezeichnet, der die sechs delokalisierten Elektronen repräsentiert (diese Form wird Resonanzhybrid genannt).

3. Stabilität des Benzols

Die chemische Reaktivität des Benzols wird von seinem aromatischen Charakter bestimmt. Benzol ist ungewöhnlich stabil. Beispielsweise lassen sich die meisten Alkene bei Raumtemperatur und unter einem Druck von 1 atm in einer nickelkatalysierten Reaktion hydrieren (dabei wird die Doppelbindung durch Addition von Wasserstoff in eine Einfachbindung umgewandelt). Beim Benzol muss diese Reaktion bei 180 °C und unter einem Druck von 2 000 atm durchgeführt werden. Tatsächlich führt die Addition von Wasserstoff zum Verlust des aromatischen Charakters und damit zum Verlust der Delokalisierung der Elektronen, die erheblich zur Stabilisierung der Verbindung beiträgt. Daher neigt das Benzol eher dazu, **Substitutionsreaktionen** einzugehen, bei denen ein H-Atom ersetzt wird; so kann das Benzol seinen aromatischen Charakter beibehalten. Es findet keine elektrophile Addition statt.

4. Nomenklatur aromatischer Verbindungen

Benzol ist die aromatische Stammverbindung. Zahlreiche monosubstituierte Derivate werden benannt, indem der Name des Substituenten als Präfix dem Wort Benzol vorangestellt wird. Für disubstituierte Benzolderivate gibt es drei mögliche Anordnungen. Die Substituenten können direkt nebeneinander angeordnet sein, was man durch das Präfix 1,2- (bzw. *ortho-* oder *o-*) anzeigt. Oder sie sind in 1,3-Stellung (Präfix *meta-* oder *m-*) oder auch in 1,4-Stellung (Präfix *para-* oder *p-*) positioniert. Die Substituenten werden in alphabetischer Reihenfolge genannt. Bei der Benennung tri- und polysubstituierter komplexerer Derivate nummeriert man die sechs C-Atome des Rings so, dass bei der Aufzählung der Substituenten die kleinstmöglichen Zahlen resultieren.

Allerdings haben sich für zahlreiche aromatische Verbindungen Trivialnamen eingebürgert, die anstelle des systematischen Namens benutzt werden (**Toluol** für Methylbenzol, **Phenol** für Hydroxybenzol, **Anilin** für Aminobenzol etc.). Um die Derivate solcher Verbindungen zu benennen, gibt man die Position(en) des/der Substituenten im Ring durch eine/mehrere Zahl(en) oder mithilfe der Präfixe *o-*, *m-*, *p-* an. Der Substituent, welcher der Verbindung seinen Stammnamen gibt, wird am Kohlenstoff mit der Nummer C1 platziert.

Toluol   Phenol   Anilin   Benzoesäure

Benzaldehyd   Benzonitril   2,6-Dibromphenol   m-Chlorbenzoesäure

Der Oberbegriff für substituierte Benzole lautet **Arene**. Wenn ein Aren als Substituent auftritt, bezeichnet man ihn als **Aryl**-(Ar-)Substituenten. Der Stamm-Arylsubstituent ist das Phenyl (C_6H_5-). Die $C_6H_5CH_2$-Gruppe wird Benzyl genannt.

5. Polycyclische aromatische Kohlenwasserstoffkette

Das Konzept der Aromatizität kann auf polycyclische Verbindungen wie Naphthalin, Anthracen etc. ausgeweitet werden, da sie einige für Aromaten typische Eigenschaften aufweisen.

Naphtalin   Anthracen   Penanthren

> **Worum es geht:**
> Friedel-Crafts-Acylierung, Friedel-Crafts-Alkylierung, S_EAr (elektrophile aromatische Substitution), Wheland-Komplex, benzylische Position

1. Elektrophile aromatische Substitution

a) Allgemeines

Die elektrophile aromatische Substitution ist eine Reaktion, in deren Verlauf eines der H-Atome des aromatischen Rings durch eine elektrophile Gruppe substituiert wird. Dies ist eine sehr wichtige Reaktion in der Organischen Chemie, da sie aufgrund der großen Vielfalt an funktionellen Gruppen die Bildung zahlreicher substituierter aromatischer Verbindungen ermöglicht. Bei dieser Reaktion reagiert das Benzol als Nucleophil mit einem elektrophilen Reagenz. Der allgemeine Reaktionsmechanismus lautet:

Die positive Ladung der reaktiven Zwischenstufe, die man **Wheland-Komplex** nennt, ist in Wirklichkeit durch Mesomerie über den Ring delokalisiert. Dies führt zu einer Stabilisierung des Cyclohexadienylkations. Für die Durchführung dieser Reaktion benötigt man im Allgemeinen eine Lewis-Säure als Katalysator.

b) Halogenierung

Die aromatische Halogenierung, bei der ein H-Atom durch ein Halogenatom substituiert wird, erfordert eine Lewis-Säure als Katalysator.

Diese Reaktion ermöglicht die Substitution eines H-Atoms durch ein Cl-, Br- oder I-Atom. Mit Fluor lässt sie sich nicht durchführen, da es aufgrund seines stark oxidativen Charakters zur Zersetzung des Ausgangsprodukts kommt.

c) Nitrierung

Die aromatische Nitrierung ist eine typische aromatische Substitution, in deren Verlauf ein H-Atom durch eine Nitrogruppe (NO_2) substituiert wird; dabei entsteht das Nitrobenzol.

Das Elektrophil, das bei dieser Substitution benutzt wird, ist NO_2^+ (Nitroniumion), das *in situ* durch Protonierung von Salpetersäure durch Schwefelsäure gebildet wird.

$$H_2SO_4 + HNO_3 \rightarrow HSO_4^- + NO_2^+ + H_2O$$

d) Sulfonierung

Die aromatische Sulfonierung ermöglicht die Substitution eines H-Atoms durch eine Sulfonsäuregruppe (SO_3H) und führt zur Bildung der Benzolsulfonsäure. Die Reaktion läuft in Gegenwart von Oleum, einer Lösung von SO_3 in Schwefelsäure, ab. Die Eliminierung des H-Atoms im Wheland-Komplex erfolgt in einer intramolekularen Reaktion.

Das Interessante an dieser Reaktion ist die Möglichkeit, die Sulfonsäuregruppe wieder abzuspalten und das Benzol zu regenerieren. Dazu wird die Benzolsulfonsäure in einer verdünnten Schwefelsäurelösung erwärmt.

e) Friedel-Crafts-Alkylierung

Die Friedel-Crafts-Alkylierung ist ein spezieller Fall der elektrophilen aromatischen Substitution. Dabei handelt es sich um die Alkylierung einer aromatischen Verbindung wie Benzol mit einem Halogenalkan. Diese Reaktion wird durch eine Lewis-Säure (wie $AlCl_3$) katalysiert.

f) Friedel-Crafts-Acylierung

Die Friedel-Crafts-Acylierung ist mit der Alkylierung vergleichbar, insofern es hier um die Acylierung einer aromatischen Verbindung wie Benzol durch ein Acylchlorid geht. Die Reaktion wird in Gegenwart einer Lewis-Säure durchgeführt, die in stöchiometrischen Mengen vorliegen muss, da die Lewis-Säure das Reaktionsprodukt komplexiert.

2. Reaktionen an der Seitenkette

a) Bindungsspaltung durch Oxidation

Die Reaktion findet am α-Kohlenstoffatom der Seitenkette des Benzolrings statt. Diese sog. benzylische Position ist unter der Voraussetzung, dass sie mindestens ein H-Atom trägt, sehr anfällig für eine Oxidation. Die Spaltung der Kette erfolgt unabhängig von der Kettenlänge vollständig regioselektiv und liefert die Benzoesäure.

b) Halogenierung

Die photochemische Halogenierung findet ausschließlich an der benzylischen Position statt. Die Regioselektivität lässt sich durch die Bildung eines intermediär auftretenden mesomeriestabilisierten Benzylradikals erklären.

Worum es geht:
Elektronendonor, Elektronenakzeptor, aktivierend, desaktivierend, Wheland-Komplex

1. Allgemeines

Die Reaktivität einer substituierten aromatischen Verbindung gegenüber einer elektrophilen aromatischen Zweitsubstitution hängt stark von der Art des bereits vorhandenen Substituenten ab. Die Reaktivität steigt in dem Maße, in dem der Substituent dem System Elektronen zur Verfügung stellt (durch mesomere oder induktive Donoreffekte) und damit die Elektronendichte am aromatischen Ring erhöht. Umgekehrt wird die Reaktivität des aromatischen Rings durch bestimmte Substituenten (mesomere oder induktive Akzeptoreffekte) vermindert.

Die nachstehende Tabelle gibt eine Vorstellung von der Reaktivität substituierter Benzole, die sich über mehrere Größenordnungen erstreckt (Bezugspunkt ist das Benzol, dessen Reaktivität auf 1 festgelegt ist). Phenol ist also tausendmal reaktiver als Benzol, und Nitrobenzol 100 Millionen Mal weniger reaktiv.

= Benzol

Substituenten	$-N(CH_3)_2$	$-OH$	$-CH_3$	$-H$	$-Cl$	$-COOH$	$-NO_2$
Reaktivität	$9 \cdot 10^6$	10^3	25	1	0,03	$4 \cdot 10^{-3}$	10^{-8}

Zum anderen beeinflusst die Natur des schon vorhandenen Substituenten auch die Orientierung der Zweitsubstitution, d. h. die drei möglichen Produkte (*ortho*, *meta* und *para*) werden in der Regel nicht in gleichen Anteilen gebildet.

2. Resonanzeffekte von Substituenten am Benzolring

a) Mesomere Donoreffekte

Gruppen, die aufgrund von Resonanzeffekten Elektronen zur Verfügung stellen, sind aktivierend sowie *ortho*- und *para*-dirigierend. Dazu gehören NH_2- und OH-Gruppen, welche die Reaktivität des Benzolrings so stark erhöhen, dass die Halogenierung von Anilin bzw. Phenol sehr schnell unter Bildung der in *ortho*- und *para*-Stellung tribromierten Produkte erfolgt.

Anilin   2,4,6-Tribromanilin   Phenol   2,4,6-Tribromphenol

Weniger stark aktivierende Gruppen (wie die Amidgruppe) dirigieren die Substitution in *ortho*- und *para*-Stellung, wobei die *para*-Stellung aufgrund sterischer Effekte bevorzugt wird. Die Regioselektivität des Angriffs erklärt sich durch die Stabilisierung des im ersten Reaktionsschritt gebildeten **Wheland-Komplexes**.

Die Ladung in dieser reaktiven Zwischenstufe wird durch Mesomerie im Ring delokalisiert, da in je einer der Resonanzstrukturen des Wheland-Komplexes, der durch *ortho*- bzw. *para*-Angriff resultiert, die positive Ladung dem Donorsubstituenten direkt benachbart ist. Angriff in *meta*-Stellung hingegen ergibt eine Zwischenstufe, bei dem die positive Ladung in keiner der Grenzformeln in unmittelbarer Nachbarschaft des Substituenten auftritt.

Das *para*-Substitutionsprodukt wird im Vergleich zum *ortho*-Produkt bevorzugt gebildet. Grund dafür ist eine sterische Hinderung durch die bereits im Benzolring vorhandene Gruppe.

Angriff in *ortho*-Stellung

Kation stabilisiert durch
unmittelbar benachbarte
OH-Gruppe

Angriff in *meta*-Stellung

Angriff in *para*-Stellung

Kation stabilisiert durch
unmittelbar benachbarte
OH-Gruppe

b) Mesomere Akzeptoreffekte

Gruppen, die aufgrund von Resonanzeffekten Elektronen anziehen, sind desaktivierend sowie *meta*-dirigierend. Dies trifft z. B. auf die Benzoesäure zu, bei der die Nitrierung in *meta*-Stellung tausendmal langsamer abläuft als bei Benzol.

Wie im vorherigen Fall erklärt sich die Regioselektivität der Reaktion durch die Existenz verschiedener Resonanzstrukturen des ***Wheland-Komplexes***, der in diesem Fall durch die Anwesenheit der Akzeptorgruppe destabilisiert wird.

Allerdings ist es nur bei Substitution in *meta*-Stellung so, dass die stark destabilisierte positive Ladung in keiner der Grenzformeln direkt neben der elektronenanziehenden Gruppe auftritt. Eine Akzeptorgruppe dirigiert die elektrophile Substitution in *meta*-Stellung, da hier die Destabilisierung weniger ausgeprägt ist als in *ortho*- oder *para*-Stellung.

Angriff in *ortho*-Stellung

stark destabilisiertes
Kation

Angriff in *meta*-Stellung

weniger stark
destabilisiertes Kation

Angriff in *para*-Stellung

stark destabilisiertes
Kation

3. Orientierung

a) Elektronendonoreffekte

Da die Alkylgruppen aktivierend sind, führt die elektrophile Bromierung von Methylbenzol (Toluol) im Allgemeinen zur Substitution in *para*- (60 %) und *ortho*-Stellung (40 %); vom *meta*-Substitutionsprodukt erhält man nur Spuren.

| 40 % | <1 % | 60 % |
| o-Bromtoluol | m-Bromtoluol | p-Bromtoluol |

Diese Gruppen dirigieren die Substitution also in *ortho*- und *para*-Stellung- (*para* wird bevorzugt), und das Verhältnis der gebildeten Produkte ist unabhängig von der Art des Elektrophils, also vergleichbar: Es ist also die Methylgruppe, welche die Substitution dirigiert.

b) Elektronenakzeptoreffekte

Die aufgrund von induktiven Effekten elektronenanziehenden Gruppen sind desaktivierend und dirigieren in *meta*-Stellung. Dies ist bei Nitrierungen von Trifluormethylbenzol der Fall, die sehr langsam verlaufen und unter drastischen Bedingungen nur das *meta*-Substitutionsprodukt liefern.

c) Der besondere Fall der Halogensubstituenten

Halogene sind elektronegative Atome, welche die Elektronendichte des Benzolrings erniedrigen und daher desaktivierend sind. Aufgrund von Resonanzeffekten wirken sie als Elektronendonoren und dirigieren deshalb in *ortho*- und *para*-Stellung.

Zusammenfassend lässt sich sagen, dass Donorgruppen aktivierend sind (die Reaktivität ist wichtiger) und *ortho-, para*-dirigierend. Akzeptorgruppen (mit Ausnahme der Halogene) sind desaktivierend und *meta*-dirigierend. Im Regelfall ist der aktivierende oder desaktivierende Effekt umso stärker ausgeprägt, je stärker die Gruppe elektronenabgebend oder -anziehend ist. Die nachstehende Tabelle fasst die Effekte auf Reaktivität und Regioselektivität einiger wichtiger Gruppen zusammen.

	aktivierend	desaktivierend
stark	$-O^-$, $-OH$, NH_2 *ortho-para*-dirigierend	$-NO_2$, $-NR_3^+$ (R = H oder Alkyl), $-CCl_3$, $-CF_3$ *meta*-dirigierend
moderat	$-OR$, $-NH-COR$ (R = Alkyl) *ortho-para*-dirigierend	$-CN$, $-SO_3H$, $-CO_2R$ (R = H oder Alkyl) *meta*-dirigierend
schwach	Alkyle, Aryle *ortho-para*-dirigierend	Halogene *ortho-para*-dirigierend

4. Elektrophiler Angriff auf disubstituierte Benzolverbindungen

Trägt der Aromat zwei Substituenten, dann addieren sich ihre Effekte auf Reaktionsgeschwindigkeit und Orientierung der Substitution. Sind beide Substituenten desaktivierend, verläuft die Reaktion langsam, und der Angriff erfolgt in *meta*-Stellung der beiden Substituenten. Wenn beide Substituenten aktivierend sind, nimmt die Reaktionsgeschwindigkeit zu, und der Angriff erfolgt in *ortho*- und *para*-Stellung der beiden Substituenten. Üblicherweise wird die Substitution durch die am stärksten aktivierende Gruppe kontrolliert (wie im Fall des *p*-Methylphenols); sterische Effekte spielen ebenfalls eine Rolle. Die höchste Selektivität beobachtet man in Fällen, in denen der Aromat eine aktivierende Gruppe in Anwesenheit weiterer desaktivierender Substituenten trägt oder in denen die dirigierenden Effekte aller Gruppen zusammenfallen (Benzol-1,3-dicarbonsäure).

Benzol-1,3-dicarbonsäure

p-Methylphenol

Halogenalkane: Eigenschaften

Worum es geht:
Alkylhalogenid, Polarisierbarkeit

1. Allgemeines

Halogenalkane sind von Halogenen abgeleitete Verbindungen der Formel R–X, wobei X ein Halogenatom ist. Nach der IUPAC-Nomenklatur wird das Halogen als Substituent des Alkangerüsts aufgefasst. Gleichermaßen spricht man aber auch von Alkylhalogeniden.

CH_3I (Cyclohexyl)–Cl   Br~ $(CH_3)_3C–Br$

| Iodmethan oder | Chlorcyclohexan oder | 1-Brom- | 2-Brom-2-methylpropan |
| Methyliodid | Cyclohexylchlorid | 2-methylpropan | oder *tert*-Butylchlorid |

2. Physikalische Eigenschaften

Aufgrund der Größe der Halogenatome und der Polarität der Kohlenstoff-Halogen-Bindung unterscheiden sich die physikalischen Eigenschaften der Halogenalkane sehr stark von denen der Alkane.

a) Stärke der C–X-Bindung

Die C–X-Bindung kommt durch Überlappung eines sp^3-Hybridorbitals des Kohlenstoffs mit einem p-Orbital des Halogens zustande.

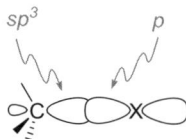

Bewegt man sich nun im Periodensystem der Elemente von Fluor zu Iod, nimmt die Größe des p-Orbitals des Halogens zu und die Elektronenwolke um das Halogen wird diffuser, was zu einer weniger starken Überlappung mit dem sp^3-Orbital des Kohlenstoffs führt: Infolgedessen verringert sich die Bindungsstärke, und die Bindungslänge nimmt zu.

	CH_3F	CH_3Cl	CH_3Br	CH_3I
Bindungslänge (nm)	0,1385	0,1784	0,1929	0,2139
Bindungsstärke (kJ·mol^{-1})	460	356	297	238

b) Polarisierung der C–X-Bindung

Die Polarisierung der C–X-Bindung ist auf die Elektronegativität der Halogene zurückzuführen, welche die Elektronendichte der Bindung in Richtung des elektronegativeren Atoms verschiebt. Die Elektronegativität steigt an, wenn man sich im Periodensystem von unten nach oben bzw. von links nach rechts bewegt. Damit ist Fluor das elektronegativste Element (Kapitel 1).

$$\overset{\delta^+ \ \delta^-}{\underset{}{C-X}}$$

Je elektronegativer das Halogen ist, desto stärker ist die C–X-Bindung polarisiert und desto elektrophiler wird der Kohlenstoff. Damit ist er für nucleophile Angriffe empfänglich (Kapitel 29).

c) Siedepunkt

Halogenalkane haben aufgrund der Dipol-Dipol-Wechselwirkungen zwischen den Molekülen (Coulombsche Anziehung zwischen den Dipolenden δ^+ und δ^- zweier C–X-Bindungen) höhere Siedepunkte als die entsprechenden Alkane.

$$\overset{\delta^+ \ \delta^-}{C-X} \ \text{-------} \ \overset{\delta^+ \ \delta^-}{C-X}$$

Andererseits nimmt der Siedepunkt mit der Größe des Halogenatoms zu, weil Van-der-Waals-Kräfte eine wichtigere Rolle spielen, wenn Elektronen weniger stark vom Kern angezogen werden. Dies führt zu einer temporären, durch die Annäherung eines anderen Moleküls hervorgerufenen Polarisierung (Kapitel 4).

H	F	Cl	Br	I
Sdp. = − 0,5 °C	Sdp. = 32,5 °C	Sdp. = 78,4 °C	Sdp. = 101,6 °C	Sdp. = 130,5 °C

Diese temporäre Polarisierung bezeichnet man als *Polarisierbarkeit*: Sie ist ein Maß für die Fähigkeit einer Elektronenwolke, sich unter dem Einfluss eines elektrischen Felds zu verformen. Die Polarisierbarkeit nimmt zu, wenn die Entfernung zwischen den Elektronen der äußeren Schale und dem Kern zunimmt.

Die Polarisierbarkeit der Halogene steigt damit in der Reihenfolge: F < Cl < Br < I.

Worum es geht:
Carbeniumion, reaktive Zwischenstufe, Übergangszustand, 1. Ordnung, 2. Ordnung, Walden-Umkehr

1. Allgemeines

Aufgrund der Polarisierung der $C^{\delta+}$–$X^{\delta-}$-Bindung (Kapitel 28) reagiert der Kohlenstoff mit Nucleophilen (d. h. Teilchen, die freie Elektronenpaare und/oder eine negative Ladung besitzen). Diese Reaktion wird nucleophile Substitution (S_N) genannt und kann nach zwei Mechanismen ablaufen, die sich hinsichtlich der zeitlichen Abfolge der beiden Hauptereignisse unterscheiden:

- Bruch der C–X-Bindung
- Bildung der C–Nu-Bindung

Wenn diese beiden Ereignisse in zwei Schritten stattfinden, spricht man von einer Reaktion 1. Ordnung (S_N1), laufen sie gleichzeitig ab, reden wir von einer Reaktion 2. Ordnung (S_N2).

2. Nucleophile Reaktion 1. Ordnung

a) Mechanismus

S_N1-Reaktionen sind wie folgt charakterisiert:

- zwei Elementarschritte
- unimolekulare Reaktion
- Kinetik 1. Ordnung: $v = k$ [RX].

Der erste Schritt führt zur Bildung eines planaren Carbeniumions C^+. Dabei handelt es sich um eine reaktive Zwischenstufe, die ohne Eingreifen des Nucleophils entsteht. Im zweiten Schritt reagiert das Carbeniumion mit dem Nucleophil; dabei wird das Reaktionsprodukt gebildet.

Es handelt sich also um eine komplexe Reaktion (d. h. eine Abfolge von Elementarreaktionen) mit dem folgenden Energieprofil:

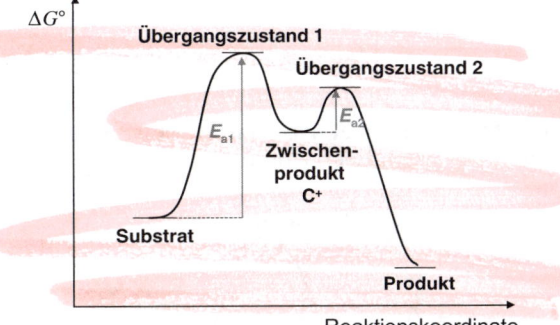

Damit eine Elementarreaktion ablaufen kann, muss man Energie zuführen. Diese Energie wird Aktivierungsenergie (*Ea*) genannt; sie entspricht dem Unterschied zwischen der Energie des Ausgangsprodukts der jeweiligen Elementarreaktion und der Energie des Übergangszustands, der das Energiemaximum darstellt (Kapitel 17).

Der langsamere Schritt der Reaktion ist der geschwindigkeitsbestimmende Schritt. In der Regel ist der Bruch der Bindung R–X dieser langsame Schritt, da er zur Bildung einer instabilen, energiereicheren reaktiven Zwischenstufe führt und deshalb die meiste Energie benötigt. Damit hängt die Reaktionsgeschwindigkeit nur vom ersten Schritt und von der Konzentration des Halogenalkans ab:

$$v = k \,[RX] \text{ mit } k = \text{Geschwindigkeitskonstante}$$

b) Stereochemische Aspekte

S_N1-Reaktionen verlaufen ***nicht stereospezifisch***. Bei ihrer Zwischenstufe, die zwar nicht isoliert wird, aber prinzipiell isolierbar ist, handelt es sich um ein planares Carbeniumion. Ist das Elektrophil chiral, dann geht seine „chirale Information" im Carbeniumion und damit auch im Substitutionsprodukt verloren. Deshalb entsteht das Produkt in racemischer Form, d. h. einer optisch inaktiven 1:1-Mischung der beiden Enantiomere (R/S = 50/50). Eine Reaktion 1. Ordnung verläuft unter ***Racemisierung***.

3. Nucleophile Substitution 2. Ordnung

a) Mechanismus

S_N2-Reaktionen sind wie folgt charakterisiert:

- ein Elementarschritt
- bimolekulare Reaktion
- Kinetik 2. Ordnung: $v = k \,[RX]\,[Nu^-]$.

Diese Reaktion verläuft konzertiert, d. h. der Angriff des Nucleophils erfolgt zeitgleich mit dem Verlust von X: Der Bruch der C–X-Bindung und die Bildung der C–Nu-Bindung laufen simultan ab.

$$Nu^{\ominus} + R-X \longrightarrow \left[Nu\text{----}R\text{----}X \right]^{\ddagger} \longrightarrow R-Nu + X^{\ominus}$$

$$\text{Übergangszustand}$$

Die Reaktion verläuft nicht über eine reaktive Zwischenstufe, vielmehr handelt es sich um eine Elementarreaktion mit folgendem Energieprofil:

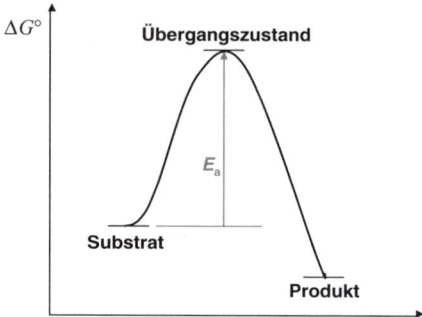

Wir haben es mit einer bimolekularen Reaktion zu tun, die durch Zusammenstoß der zwei Reaktanden RX und Nu⁻ eingeleitet wird. Die Reaktionsgeschwindigkeit gehorcht einer Kinetik 2. Ordnung und hängt daher sowohl von der Konzentration des Halogenalkans als auch von der des Nucleophils ab:

$$v = k\, [RX]\, [Nu^-],$$

wobei k = Geschwindigkeitskonstante.

b) Stereochemische Aspekte

S_N2-Reaktionen verlaufen *stereospezifisch*. Ist das Elektrophil chiral, dann geht seine „chirale Information" nicht verloren, sondern findet sich im Substitutionsprodukt wieder. Denn wenn die Reaktion über ein Substrat, das in enantiomerenreiner Form vorliegt, erfolgt, wird auch nur ein einziges Enantiomer des Produkts gebildet. Darüber hinaus verlaufen S_N2-Reaktionen mit Inversion der relativen Konfiguration am asymmetrisch substituierten Kohlenstoff. Dies wird als *Walden-Umkehr* bezeichnet.

Die Annäherung des Nucleophils an den Kohlenstoff erfolgt von der Seite, die der Abgangsgruppe gegenüberliegt, und führt zu einer erhöhten Polarisierung und damit zur Schwächung der C–X-Bindung. Sobald das Nucleophil vollständig mit dem Kohlenstoff verknüpft ist, kommt es zum heterolytischen Bruch der C–X-Bindung.

4. Entscheidende Faktoren für den Reaktionsmechanismus

Der Reaktionsmechanismus wird von folgenden Faktoren bestimmt:

- Art des Substrats RX
- Art der nucleofugen Gruppe (oder Abgangsgruppe)

- Art des Nucleophils
- Art des Lösungsmittels

a) Einfluss des Halogenalkans

Der Kohlenstoff, der das Halogen trägt, kann primär, sekundär oder tertiär sein.

- Bei einer Reaktion 1. Ordnung nimmt die Reaktionsgeschwindigkeit mit dem Grad der Substitution des Kohlenstoffs zu:

$$R_3C-X \quad > \quad R_2CH-X \quad > \quad RCH_2-X \quad > \quad CH_3-X$$

$$\text{tertiär} \qquad\qquad \text{sekundär} \qquad\qquad \text{primär}$$

Dies ist auf die Stabilität des Carbeniumions zurückzuführen, das im ersten Schritt gebildet wird: Je höher es substituiert ist, desto stabiler ist es und umso höher ist die Reaktionsgeschwindigkeit. Auch jeder andere Effekt, der ein Carbeniumion stabilisiert (Mesomerie etc.), begünstigt eine Kinetik 1. Ordnung.

- Bei einer Reaktion 2. Ordnung verhält es sich genau umgekehrt: Die Reaktionsgeschwindigkeit nimmt mit zunehmendem Substitutionsgrad des Kohlenstoffs ab.

$$CH_3-X \quad > \quad RCH_2-X \quad > \quad R_2CH-X \quad > \quad R_3C-X$$

$$\text{primär} \qquad\qquad \text{sekundär} \qquad\qquad \text{tertiär}$$

Dies ist auf eine sterische Hinderung am C-Atom zurückzuführen. Hervorgerufen wird sie durch die Substituenten R, die den Kohlenstoff umgeben und den Angriff des Nucleophils behindern. Damit steigt der prozentuale Anteil der ineffektiven Zusammenstöße. S_N2-Reaktionen sind gegenüber sterischer Hinderung sehr empfindlich.

b) Einfluss der nucleofugen Gruppe (Abgangsgruppe)

Der „nucleofuge" Charakter der Abgangsgruppe X („nucleofuges Vermögen") beeinflusst Reaktionen 1. Ordnung stärker als Reaktionen 2. Ordnung. Reaktionen 1. Ordnung verlaufen umso schneller, je besser nucleofug die Abgangsgruppe ist. Grund dafür ist, dass die Abgangsgruppe im reaktionsbestimmenden Schritt abgespalten wird. Aus diesem Grund reagieren die Iodalkane schneller als die entsprechenden Bromide, denn die C–I-Bindung ist schwächer als die C–Br-Bindung (Kapitel 4).

c) Einfluss des Nucleophils

Nucleophile haben keinen Einfluss auf die Geschwindigkeit einer Reaktion 1. Ordnung; sie bestimmen lediglich die Art des erhaltenen Produkts. Deshalb können auch sehr schwache Nucleophile nach einem S_N1-Mechanismus reagieren. Im Fall einer S_N2-Reaktion ist die Reaktionsgeschwindigkeit direkt von der Fähigkeit des Nucleophils, das Nucleofug zu verdrängen, abhängig, also von der Stärke des Nucleophils.

d) Einfluss des Lösungsmittels

Polar protische Lösungsmittel, d. h. solche, die Protonen abgeben können (Wasser, Alkohole etc.), begünstigen Reaktionen 1. Ordnung, da sie die Bildung der als Zwischenstufen auftretenden positiv geladenen Carbeniumionen erleichtern.

Polar aprotische Lösungsmittel (Aceton etc.) begünstigen Reaktionen 2. Ordnung, da sie die Reaktivität des Nucleophils erhöhen, indem sie das zugehörige Kation solvatisieren.

Worum es geht:
Dehydrohalogenierung, 1. Ordnung, 2. Ordnung, Saytzeff

1. Allgemeines

Trägt ein Halogenalkan an dem zur C–X-Bindung benachbarten Kohlenstoff (d. h. in α-Stellung) mindestens ein H-Atom, kann es unter Einwirkung einer Base zu einer **Dehydrohalogenierung** kommen, bei der eine Doppelbindung entsteht. Eine solche Eliminierungsreaktion kann in zwei Schritten verlaufen – man spricht dann von einer Reaktion 1. Ordnung (E1) – oder in einem einzigen Schritt, dann reden wir von einer Reaktion 2. Ordnung (E2).

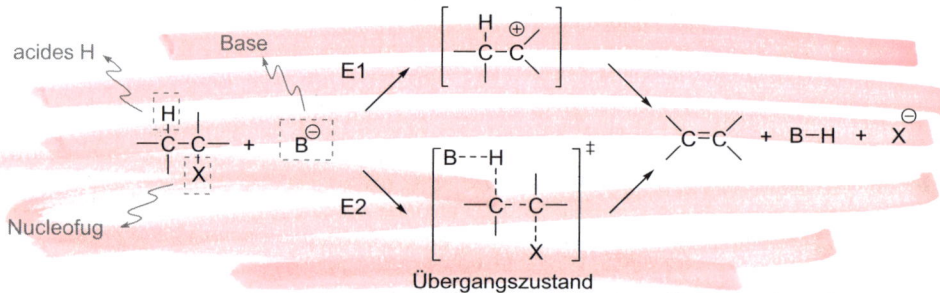

2. Eliminierung 1. Ordnung

a) Mechanismus

E1-Reaktionen sind wie folgt charakterisiert:

- zwei Elementarschritte
- unimolekulare Reaktion
- Kinetik 1. Ordnung: $v = k\,[RX]$.

Der erste Schritt führt zur Bildung eines planaren Carbeniumions C^+. Dabei handelt es sich um eine reaktive Zwischenstufe, die ohne Einwirkung der Base entsteht.

Im zweiten Schritt reagiert die Base mit dem Carbeniumion. Durch Abspaltung des H-Atoms in α-Stellung wird als Reaktionsprodukt das Alken gebildet.

Wenn es zwei α-ständige Protonen gibt, die eliminiert werden können, wird dasjenige abgespalten, das zur Bildung des höher substituierten Alkens führt, d. h. zum thermodynamisch stabileren (Saytzeff-Regel).

Überschuss (trisubstituiert)	Unterschuss (monosubstituiert oder terminal)

Es handelt sich hier um eine komplexe Reaktion, d. h. eine Abfolge von zwei Elementarreaktionen, deren Energieprofil dem der S_N1-Reaktion entspricht (Kapitel 29).

Die E1-Eliminierungsreaktion wird durch alle Faktoren begünstigt, welche die Bildung des intermediär auftretenden Carbeniumions fördern und seine Stabilität erhöhen (tertiäres Halogenalkan, polar protisches Lösungsmittel).

b) Stereochemische Aspekte

Die E1-Eliminierung verläuft aufgrund der freien Drehbarkeit im Carbeniumion *nicht stereospezifisch*.

Kann das resultierende Alken sowohl als Z- wie auch als E-Stereoisomer vorkommen, erhält man ein Gemisch, in dem das E-Isomer aufgrund seiner höheren Stabilität im Überschuss vorliegt.

3. Eliminierung 2. Ordnung

a) Mechanismus

E2-Reaktionen sind wie folgt charakterisiert:

- ein Elementarschritt
- bimolekulare Reaktion
- Kinetik 2. Ordnung: $v = k\,[RX]\,[B^-]$

Solche Reaktionen verlaufen konzertiert, d. h. der Angriff der Base erfolgt zeitgleich mit dem Verlust von X: Die Spaltung der C–X- und die Spaltung der C–H-Bindung laufen simultan ab.

Bei der Reaktion wird keine reaktive Zwischenstufe durchlaufen, vielmehr haben wir es mit einer Elementarreaktion zu tun, deren Energieprofil dem der S_N2-Reaktion entspricht (Kapitel 29). Dieser Mechanismus wird begünstigt, wenn polar aprotische Lösungsmittel eingesetzt werden und wenn das Carbeniumion, das potenziell entstehen könnte, nicht stabilisiert wird.

b) Stereochemische Aspekte

Die E2-Eliminierung verläuft *stereoselektiv* (d. h. sie führt zur Bildung entweder des Z- oder des E-Stereoisomers) und *stereospezifisch*. Bei einer E2-Eliminierung müssen sich die Atome H und X, die im Reaktionsverlauf abgespalten werden, in derselben Ebene befinden und *anti*-angeordnet sein: Man spricht von einer *anti-periplanaren* Eliminierung.

Übergangszustand

Im Fall der E2-Eliminierung bei Cyclohexanen geht das Konformer die Eliminierung ein, bei dem eine *anti*-Eliminierung möglich ist; dies gilt auch, wenn es sich nicht um das stabilste Konformer handelt:

4. Konkurrenz zwischen Substitution und Eliminierung

Häufig ist eine Konkurrenz zwischen Eliminierung und nucleophiler Substitution zu beobachten. Tatsächlich können durch Umsetzung mit ein und demselben Reagenz (z. B. HO⁻) sowohl das Eliminierungs- als auch das Substitutionsprodukt entstehen. Dies liegt daran, dass Basen immer auch mehr oder weniger nucleophilen Charakter haben.

Der Reaktionsmechanismus wird im Wesentlichen von folgenden Faktoren bestimmt:

- Art des Substrats
- Art des Reagenzes
- Temperatur

a) Einfluss des Substrats

Der prozentuale Anteil der Eliminierung nimmt mit der Anzahl der Alkylgruppen zu, die mit dem C-Atom verbunden sind, welches das Halogenatom trägt.

$$RCH_2-X \qquad < \qquad R_2CH-X \qquad < \qquad R_3C-X$$
$$\longrightarrow \quad E / S_N$$

Dies ist darauf zurückzuführen, dass während einer nucleophilen Substitution die sp^3-Hybridisierung des Kohlenstoffs und damit seine Tetraedergeometrie erhalten bleiben. Im Fall einer Eliminierung dagegen kommt es zu einer Umhybridisierung des Kohlenstoffs von sp^3 nach sp^2, die mit einer günstigen sterischen Entspannung einhergeht, da es zu einer Aufweitung der Bindungswinkel von 109° auf 120° kommt.

Diese sterische Entspannung spielt bei den tertiären Kohlenstoffen eine – im Vergleich zu den primären Kohlenstoffen – größere Rolle, und zwar umso mehr, je voluminöser die Substituenten am tertiären Kohlenstoff sind.

$$\text{Propyl-Br} \xrightarrow{\text{EtO}^{\ominus}} \text{Propen} \quad 9\,\%$$

$$\text{iPr-Br} \xrightarrow{\text{EtO}^{\ominus}} \text{Buten} \quad 87\,\%$$

$$\text{tBu-Br} \xrightarrow{\text{EtO}^{\ominus}} \text{Isobuten} \quad 98\,\%$$

b) Einfluss des Reagenzes

Eliminierungen werden durch starke Basen wie HO^- oder Alkoholate (RO^-) begünstigt. Stark nucleophile und schwach basische Reagenzien wie I^- oder RS^- dagegen begünstigen nucleophile Substitutionsreaktionen.

c) Einfluss der Temperatur

Eliminierungen werden durch hohe Temperaturen begünstigt.

31 Metallorganische Verbindungen

Worum es geht:
Magnesiumorganyl, Grignard-Reagenz

1. Einführung

Metallorganische Verbindungen sind Moleküle mit einer Kohlenstoff-Metall-Bindung. Die Metalle sind weniger stark elektronegativ als der Kohlenstoff; daher ist die Metall-Kohlenstoff-Bindung polarisiert, und zwar: $C^{\delta-}-M^{\delta+}$. Deswegen reagieren metallorganische Verbindungen als Nucleophile.

2. Darstellung von Magnesiumorganylen

Die am häufigsten verwendeten Metallorganyle sind die magnesiumorganischen Verbindungen. Sie enthalten eine Kohlenstoff-Magnesium-Bindung, und ihre allgemeine Formel lautet RMgX (X = ein Halogen wie Cl, Br oder I). Die magnesiumorganischen Verbindungen werden nach ihrem Entdecker, dem französischen Chemiker Victor Grignard (Nobelpreis 1912), auch Grignard-Reagenzien genannt. Daneben kennt man in der Organischen Chemie auch Kupfer- und Lithiumorganyle (s. auch Kapitel 32 bzw. Kapitel 40).

Magnesiumorganyle werden durch Reaktion von Halogenalkanen (R–X) mit metallischem Magnesium in einem wasserfreien Lösungsmittel wie Diethylether oder Tetrahydrofuran (THF) dargestellt.

$$\overset{\delta+\ \ \delta-}{R\text{-}X} \ + \ Mg \ \xrightarrow[\text{oder}]{} \ \overset{\delta-\ \ \delta+}{R\text{-}Mg\text{-}X}$$

Bei der Bildung des Grignard-Reagenzes kommt es zur Umkehrung der Polarität des Kohlenstoffs, der im Halogenalkan positiv polarisiert (δ^+) und somit elektrophil ist und im Magnesiumorganyl negativ polarisiert (δ^-) und somit nucleophil ist. Wie schon erwähnt, müssen Grignard-Reagenzien in absolut wasserfreiem Lösungsmittel hergestellt werden. Selbst Spuren von Wasser zersetzen das Magnesiumorganyl entsprechend folgender Reaktionsgleichung:

$$R\text{-}Mg\text{-}X \ + \ H_2O \ \longrightarrow \ R\text{-}H \ + \ 1/2\,MgX_2 \ + \ 1/2\,Mg(OH)_2$$

Um magnesiumorganische Derivate von Alkinen herzustellen, lässt man ein terminales Alkin mit einem anderen Magnesiumorganyl reagieren.

$$R\text{–}C\equiv C\text{–}H \ + \ R'\text{-}Mg\text{-}X \ \longrightarrow \ R\text{–}C\equiv C\text{–}MgX \ + \ R'\text{-}H$$

Dabei findet eine Säure-Base-Reaktion zwischen dem terminalen Alkin und dem basischen Magnesiumorganyl statt.

3. Herstellung von Magnesiumorganylen

Die Abbildung zeigt den Versuchsaufbau zur Herstellung von Grignard-Reagenzien:

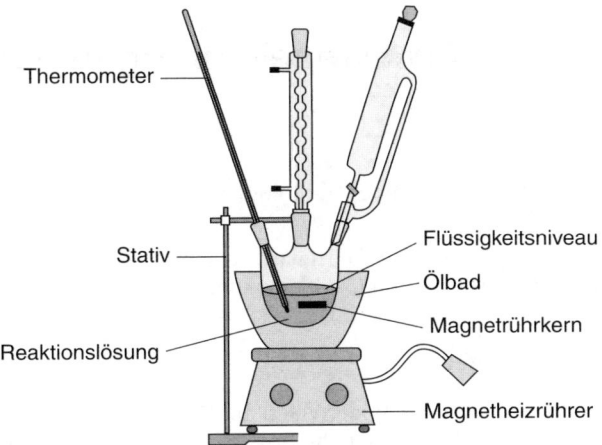

Thermometer

Flüssigkeitsniveau

Stativ

Ölbad

Magnetrührkern

Reaktionslösung

Magnetheizrührer

Er besteht aus einem Dreihalskolben mit Rückflusskühler und Tropftrichter mit Druckausgleich. Zum Schutz vor Feuchtigkeit wird der Versuchsaufbau mit einem Calciumchlorid-Trockenrohr versehen (in der Abbildung hier nicht dargestellt). Der Dreihalskolben wird mit metallischen Magnesium (Metallpulver oder -späne) beschickt. Das Metall wird dann mit einigen Millilitern wasserfreiem (trockenem) Diethylether bedeckt. Das für die Herstellung des Grignard-Reagenzes benötigte Halogenalkan wird mit Diethylether verdünnt, in den Tropftrichter gefüllt und dem Reaktionsgemisch anschließend tropfenweise zugefügt. Die Bildung der magnesiumorganischen Verbindung verläuft exotherm, sodass es zum Sieden des Lösungsmittels (Diethylether) kommt. Die Lösungsmitteldämpfe werden am Rückflusskühler kondensiert. Die Bildung des Grignard-Reagenzes im Reaktionsgefäß erkennt man daran, dass sich die grauen Magnesiumspäne in eine trübe, später gelbliche Lösung verwandeln, wie in den beiden Fotos unten zu sehen ist.

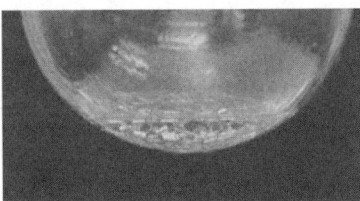 

Worum es geht:
Substitution, Addition, Kupferorganyle, Homologisierung

Wie wir gesehen haben (Kapitel 31), sind Grignard-Reagenzien Nucleophile. Deshalb können sie mit Elektrophilen unter Bildung von C–C-Bindungen reagieren.

1. Nucleophile Substitutionen

Bei der Reaktion von Magnesiumorganylderivaten mit Halogenalkanen kommt es zur Bildung einer C–C-Bindung zwischen dem nucleophilen Kohlenstoff der metallorganischen Verbindung und dem elektrophilen Kohlenstoff des Halogenalkans.

$$
\overset{\delta^-}{R}\text{-}\overset{\delta^+}{Mg}\text{-}X \quad + \quad \overset{\delta^+}{R'}\text{-}\overset{\delta^-}{X} \quad \longrightarrow \quad R\text{-}R' \quad + \quad MgX_2
$$

2. Additionen

Durch Reaktion von Magnesiumorganylen mit dem elektrophilen Kohlenstoff von Carbonylverbindungen können Alkohole entstehen. In Abhängigkeit von der eingesetzten Carbonylverbindung erhält man nach Hydrolyse der magnesiumhaltigen Zwischenstufe unterschiedliche Typen von Alkoholen.

▶ **Addition an Formaldehyd: Synthese primärer Alkohole**

$$
R\text{-}Mg\text{-}X \quad + \quad \overset{\delta^+}{CH_2}{=}\overset{\delta^-}{O} \quad \longrightarrow \quad R\text{-}CH_2O^{\ominus}\ ^{\oplus}MgX \quad \overset{H_2O}{\longrightarrow} \quad RCH_2OH
$$

▶ **Addition an Aldehyde: Synthese sekundärer Alkohole**

$$
R\text{-}Mg\text{-}X \quad + \quad R'\text{-}\overset{\delta^+}{CH}{=}\overset{\delta^-}{O} \quad \longrightarrow \quad R\underset{R'}{-}CH\text{-}O^{\ominus}\ ^{\oplus}MgX \quad \overset{H_2O}{\longrightarrow} \quad R\underset{R'}{-}CH\text{-}OH
$$

▶ **Addition an Ketone: Synthese tertiärer Alkohole**

$$
R\text{-}Mg\text{-}X \quad + \quad \overset{R'}{\underset{R''}{}}\overset{\delta^+}{C}{=}\overset{\delta^-}{O} \quad \longrightarrow \quad R'\underset{R''}{\overset{R}{-}}C\text{-}O^{\ominus}\ ^{\oplus}MgX \quad \overset{H_2O}{\longrightarrow} \quad R'\underset{R''}{\overset{R}{-}}C\text{-}OH
$$

Grignard-Reagenzien können sich auch an andere Carbonylderivate addieren.

So erhält man bei der Reaktion mit Kohlenstoffdioxid die entsprechenden Carbonsäuren.

▶ **Addition an Kohlenstoffdioxid: Synthese von Carbonsäuren**

$$
R\text{-}Mg\text{-}X \quad + \quad O{=}\overset{\delta^+}{C}{=}\overset{\delta^-}{O} \quad \longrightarrow \quad R\overset{O}{\overset{\|}{-}}C\text{-}O^{\ominus}\ ^{\oplus}MgX \quad \overset{H_2O}{\longrightarrow} \quad R\overset{O}{\overset{\|}{-}}C\text{-}OH
$$

Bei der Reaktion mit Estern (RCOOR') oder Acylchloriden (RCOCl) beobachtet man die doppelte Addition des Magnesiumorganyls. Dabei entstehen tertiäre Alkohole.

▶ **Addition an Ester oder Acylchloride: Synthese tertiärer Alkohole**

In diesem Fall ist es nicht möglich, die Reaktion auf der Stufe des intermediär gebildeten Ketons anzuhalten, da das Keton reaktiver ist als der ursprünglich eingesetzte Ester. Um ein Acylchlorid durch Addition einer metallorganischen Verbindung in ein Keton umzuwandeln, muss man das Grignard-Reagenz durch eine andere, weniger reaktive metallorganische Verbindung wie z. B. ein Organocuprat (Kupferorganyl; R_2CuLi oder R_2CuMgX) ersetzen.

$$1/2 \ R_2CuLi \ + \ R'\text{--}\overset{O}{\overset{\|}{C}}\text{--}Cl \ \longrightarrow \ R'\text{--}\overset{O}{\overset{\|}{C}}\text{--}R \ + \ 1/2 \ LiCl \ + \ 1/2 \ CuCl$$

▶ **Addition an Nitrile: Synthese von Ketonen**

Nitrile werden zu Iminen reduziert, die nach der Hydrolyse Ketone liefern.

▶ **Addition an Epoxide: Verlängerung der Kohlenstoffkette**

Grignard-Reagenzien addieren auch an Epoxide und ermöglichen so die Verlängerung der Kohlenstoffkette um zwei C-Atome in einem einzigen Schritt. Man spricht hier von einer Homologisierung.

Die Stereochemie dieser Addition ist immer *anti*. Die metallorganische Verbindung greift das Epoxid von der dem O-Atom gegenüberliegenden Seite an.

Alkohole: Eigenschaften

1. Physikalische Eigenschaften

Alkohole sind Verbindungen mit einer polarisierten O–H-Bindung, d. h. hier tritt ein Dipolmoment (μ) auf. Dadurch kommt es zur Bildung von intermolekularen Wasserstoffbrückenbindungen. Alkohole haben deshalb sehr viel höhere Siedepunkte als entsprechende Kohlenwasserstoffe und auch höhere Siedepunkte als die meisten anderen Verbindungen mit ähnlichen molaren Massen.

.... Wasserstoffbrückenbindung

Anders als bei den Alkanen gibt es keinen Alkohol, der bei Raumtemperatur gasförmig ist.

Pentan   M = 72 g·mol^{-1} Diethylether   M = 74 g·mol^{-1} n-Butanol   M = 74 g·mol^{-1}
Sdp. = 36 °C   Sdp. = 35 °C   Sdp. = 118 °C

Alkohole mit bis zu vier C-Atomen und die meisten Polyole lassen sich mit Wasser mischen. (Butanol ist nur noch begrenzt mischbar.) Dieser Effekt beruht auf den Wasserstoffbrückenbindungen zwischen dem Wasser und den Alkoholmolekülen. Die Löslichkeit der anderen Alkohole ist von der Anzahl der C-Atome (hydrophober Teil) und der OH-Gruppen (hydrophiler Teil) abhängig.

Nach dem Substitutionsgrad des die Hydroxylgruppe tragenden C-Atoms unterscheidet man drei *Klassen von Alkoholen*:

RCH_2-OH R_2CH-OH R_3C-OH

primärer Alkohol   sekundärer Alkohol   tertiärer Alkohol

2. Chemische Eigenschaften

Alkohole sind *Ampholyte*, d. h. sie haben sowohl saure als auch basische Eigenschaften.

a) Acidität von Alkoholen

Aufgrund der Polarisierung der O–H-Bindung verhalten sich Alkohole wie schwache Säuren. Ihre Acidität ist mit der von Wasser vergleichbar, und die pK$_a$-Werte liegen zwischen 15 und 20.

$$ROH \; + \; H_2O \; \xrightleftharpoons{\quad Ka \quad} \; RO^- \; + \; H_3O^+$$

Je voluminöser die Gruppe R, desto schlechter ist die Solvatisierung des gebildeten Alkoholat-anions (RO⁻) und desto geringer ist die Acidität des entsprechenden Alkohols (pK$_a$ von Methanol =15,5; pK$_a$ von *tert*-Butanol = 18).

$$CH_3-OH$$

Methanol
pKa = 15,5

Butan-1-ol
pKa = 16

Butan-2-ol
pKa = 17

tert-Butanol
pKa = 18

b) Basizität von Alkoholen

Allerdings werden Alkohole aufgrund des Vorhandenseins freier Elektronenpaare am O-Atom in stark saurem Milieu protoniert. Die dabei gebildeten **Alkyloxonium**-Ionen (ROH$_2^+$) können nucleophile Substitutionsreaktionen eingehen, wobei es zur Freisetzung eines Moleküls Wasser kommt.

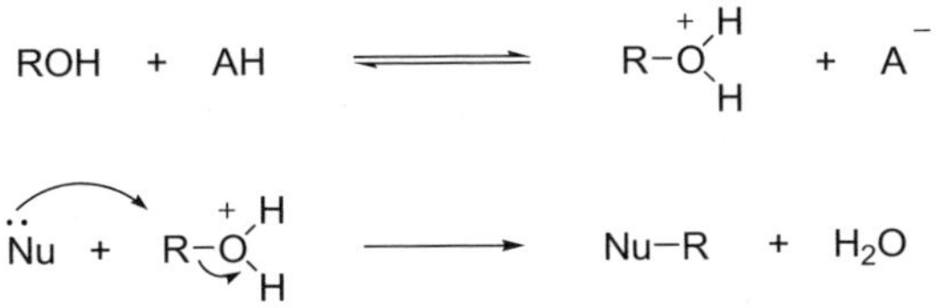

$$ROH \ + \ AH \ \rightleftharpoons \ R-O^+\!\!\begin{smallmatrix}H\\H\end{smallmatrix} \ + \ A^-$$

$$Nu \ + \ R-O^+\!\!\begin{smallmatrix}H\\H\end{smallmatrix} \ \longrightarrow \ Nu-R \ + \ H_2O$$

Hinsichtlich ihrer Reaktivität sind Alkohole gleichzeitig Basen und Nucleophile (wenn sie als Alkoholate vorliegen); unter sauren Bedingungen haben sie aber auch elektrophile Eigenschaften.

Worum es geht:
Ampholyt, Alkyloxonium-Ion, Williamson-Synthese, Collins-Reagenz, Jones-Reagenz

1. Darstellung von Alkoholen

Im Folgenden werden die wichtigsten Methoden zur Darstellung von Alkoholen beschrieben; die zugehörigen Mechanismen werden in den entsprechenden Kapiteln behandelt.

a) Durch Hydratisierung von Alkenen

Ausgehend von einem Alken kann man einen Alkohol durch Addition von Wasser unter sauren Bedingungen nach Markovnikov herstellen (dirigiert durch die Stabilität des intermediär gebildeten Carbeniumions). Alternativ bietet sich eine Hydroborierung mit anschließender Oxidation an; dabei erhält man den Alkohol mit umgekehrter Regiochemie (Kapitel 21).

b) Ausgehend von Halogenalkanen

Ausgehend von den entsprechenden Halogenalkanen erhält man Alkohole auch durch nucleophile Substitution (Kapitel 29).

$$CH_3-Br \quad + \quad NaOH \quad \longrightarrow \quad CH_3OH \quad + \quad NaBr$$

Allerdings kann es hier – wenn dies strukturell möglich ist – aufgrund der Basizität des Hydroxidions zur Konkurrenz mit der entsprechenden Eliminierungsreaktion kommen.

c) Ausgehend von Magnesiumorganylen

Die Insertion eines Metallatoms in eine Kohlenstoff-Halogen-Bindung bewirkt die Umkehr der Polarität dieser Bindung und verleiht dem C-Atom nucleophilen Charakter. Die Alkylierung einer Carbonylverbindung mit einem Magnesiumorganyl führt ausgehend von einem Aldehyd zur Bildung eines sekundären Alkohols und ausgehend von einem Keton zur Bildung eines tertiären Alkohols (Kapitel 32).

d) Durch Reduktion von Carbonylderivaten

Katalytische Hydrierung von Carbonylderivaten in Gegenwart von Platin oder Nickel ermöglicht die Reduktion der C=O-Bindung unter Bildung des entsprechenden Alkohols.

Der Angriff eines *Metallhydrids* wie Natriumborhydrid ($NaBH_4$) oder Lithiumaluminiumhydrid ($LiAlH_4$) am elektrophilen Zentrum des Carbonyls führt intermediär zu einem Alkoholat, das dann zum Alkohol hydrolysiert wird (Kapitel 40).

e) Durch Hydrolyse von Estern

Bei der Hydrolyse eines Esters im Basischen (Verseifung) oder im Sauren erhält man eine Carbonsäure und einen Alkohol (Kapitel 42).

Im Basischen verläuft die Verseifung vollständig.

f) Durch Ringöffnung von Epoxiden

Die Öffnung von Epoxiden unter sauren oder basischen wässrigen Bedingungen führt durch *anti*-Angriff auf das Epoxid zur Bildung von 1,2-Diolen.

Im Sauren findet die Öffnung des Rings nach Protonierung des O-Atoms an dem C-Atom statt, das als Zwischenstufe das stabilere Carbeniumion liefern würde.

Unter basischen Bedingungen erfolgt der Angriff von der sterisch am wenigsten gehinderten Seite aus, und zwar am niedriger substituierten C-Atom; dabei wird das Diol gebildet, das sich gegenüber dem Diol der sauren Epoxidöffnung enantiomer verhält.

2. Reaktivität von Alkoholen

a) Synthese von Halogenalkanen

Die Substitution der –OH-Gruppe (Hydroxylgruppe) durch ein Halogenatom gelingt mit verschiedenen Halogenierungsreagenzien. Dafür kommen im Wesentlichen Phosphortrichlorid (PCl_3), Phosphorpentachlorid (PCl_5) und Thionylchlorid ($SOCl_2$) zum Einsatz.

$$R-CH_2\ddot{O}H \;+\; \underset{Cl}{\overset{Cl}{S}}=O \xrightarrow{-H^{\oplus}} R-CH_2-\overset{\oplus}{O}-\underset{\underset{Cl}{|}}{S}=O \;+\; Cl^{\ominus} \longrightarrow R-CH_2Cl + SO_2 + Cl^{\ominus}$$

Für Bromierungen benutzt man meistens PBr_3; der Reaktionsmechanismus entspricht dem bei Verwendung von PCl_3.

b) Dehydratisierung von Alkoholen

Im Sauren können Alkohole zu den entsprechenden Alkenen dehydratisiert werden; solche Reaktionen verlaufen unter Verlust eines Moleküls Wasser. Bei der Protonierung des Alkohols entsteht durch Abspaltung eines Wassermoleküls ein Carbeniumion, das nach Eliminierung von H^+ am α-ständigen C-Atom das entsprechende Alken ergibt.

$$\underset{H}{\overset{R}{R}}\!\!\underset{OH}{\overset{R'}{C-C}} \underset{-H_2O}{\overset{H^+}{\rightleftharpoons}} \underset{H}{\overset{R}{R}}\!\!\overset{R'}{C-\overset{\oplus}{C}} \xrightarrow{-H^+} \underset{R}{\overset{R}{}}C=C\overset{R'}{}$$

Unter bestimmten Bedingungen kann sich das gebildete Carbeniumion zu einem stabileren Carbeniumion umlagern, an dem dann die Eliminierungsreaktion erfolgt. Im folgenden Beispiel entsteht durch Dehydratisierung von 2,2-Dimethylpropanol zunächst ein primäres Carbeniumion, das durch Wanderung einer Methylgruppe zu einem stabileren tertiären Carbeniumion umlagern kann. Nach Umlagerung und Eliminierung von H^+ erhält man zwei Alkene, wobei das Alken mit der höher substituierten Doppelbindung im Überschuss gebildet wird (Saytzeff-Regel).

$$\underset{CH_3}{\overset{CH_3}{CH_3}}C-CH_2OH \underset{-H_2O}{\overset{H^+}{\rightleftharpoons}} \underset{CH_3}{\overset{CH_3}{CH_3}}\overset{\oplus}{C}-CH_2 \overset{Umlagerung}{\rightleftharpoons} \underset{CH_3}{\overset{CH_3}{}}\overset{\oplus}{C}-CH_2CH_3 \xrightarrow{-H^+}$$

primär   tertiär

$$\underset{CH_3}{\overset{CH_3}{}}C=CHCH_3$$
im Überschuss gebildetes Alken
+
$$\underset{CH_2}{\overset{CH_3}{}}C-CH_2CH_3$$
im Unterschuss gebildetes Alken

Wenn sowohl ein Alken mit Z- als auch ein Alken mit E-Geometrie gebildet werden kann, entsteht im Allgemeinen das thermodynamisch stabilere E-Alken im Überschuss.

c) Synthese von Ethern

Ether lassen sich durch nucleophile Substitution (in der Regel S_N2) eines Halogenalkans durch ein Alkoholatanion (RO^-) herstellen; dies ist die sog. Williamson-Synthese.

$$R-O^{\ominus} \;+\; R'-X \longrightarrow R-O-R' \;+\; X^{\ominus}$$

Das dazu benötigte Alkoholatanion wird ausgehend von einem Alkohol durch Deprotonierung mittels einer starken Base oder eines reduzierenden Metalls (Na, K) unter Freisetzung von molekularem Wasserstoff generiert.

$$ROH \;+\; Na \longrightarrow RO^{\ominus} \;+\; Na^{\oplus} \;+\; 1/2\,H_2\,(g)$$

Allerdings ist diese Synthese auf primäre Halogenalkane beschränkt. Bei der Umsetzung von sekundären oder tertiären Halogenalkanen ist aufgrund der konkurrierenden Eliminierung die Bildung des Alkens begünstigt, was in diesen Fällen die mäßigen Ausbeuten an Ethern erklärt.

d) Veresterung

Durch Reaktion eines Alkohols mit einer Carbonsäure RCO_2H (oder einem Acylchlorid RCOCl) entsteht unter Abspaltung eines Moleküls Wasser ein Ester (Kapitel 43).

$$R-C{\overset{O}{\underset{O-H}{}}} \quad + \quad R'-OH \quad \overset{H^+}{\rightleftharpoons} \quad R-C{\overset{O}{\underset{O-R'}{}}} \quad + \quad H_2O$$

Die Bildung eines Esters durch Veresterung und die Hydrolyse eines Esters sind zwei entgegengesetzt verlaufende Reaktionen. Diese beiden Reaktionen begrenzen sich gegenseitig, da der durch Veresterung entstandene Ester durch seine Hydrolyse zum Teil wieder verbraucht wird. Umgekehrt werden die bei der Hydrolyse gebildeten Säure- und Alkoholmoleküle teilweise wieder verestert. Veresterung und Hydrolyse sind langsam und reversibel verlaufende Reaktionen, die sich im chemischen Gleichgewicht befinden. Dabei liegen die vier Verbindungen nebeneinander in konstanten Verhältnissen vor. Die Reaktion benötigt einen sauren Katalysator. Um das Gleichgewicht in Richtung einer möglichst vollständigen Esterbildung zu verschieben, muss man das bei der Reaktion entstehende Wasser entfernen.

e) Oxidation von Alkoholen

Alkohole können zu Aldehyden, Ketonen oder Carbonsäuren oxidiert werden. Die Oxidation eines primären Alkohols kann bei Verwendung von Collins-Reagenz (CrO_3, Pyridin) auf der Stufe des Aldehyds angehalten werden. Bei Einsatz von Jones-Reagenz (CrO_3, H_2SO_4, Aceton) verläuft sie vollständig und liefert die Carbonsäure.

$$R-CO_2H \quad \xleftarrow[\text{Aceton}]{CrO_3,\ H_2SO_4} \quad R-CH_2OH \quad \xrightarrow{CrO_3,\ Pyridin} \quad R-CH=O$$

Für diese Oxidation mit Chromreagenzien wird folgender Mechanismus angenommen:

Die Oxidation eines sekundären Alkohols führt unter denselben Bedingungen (CrO_3, H_2SO_4, Aceton) zu einem Keton. Tertiäre Alkohole lassen sich nicht oxidieren.

35 Phenole

Worum es geht:
Phenolat, Williamson-Reaktion

Phenole sind aromatische Verbindungen, in denen die –OH-Gruppe direkt mit einem C-Atom des aromatischen Rings verbunden ist, während sie bei Alkoholen mit einem gesättigten, sp^3-hybridisierten C-Atom verknüpft ist.

1. Physikalische Eigenschaften

Wie die Alkohole bilden auch die Phenole intermolekulare Wasserstoffbrückenbindungen aus, auf die ihre vergleichsweise hohen Siedepunkte zurückzuführen sind.

$\langle\text{Phenol}\rangle$—OH   Sdp. = 182 °C   Cl—$\langle\text{Phenol}\rangle$—OH   Sdp. = 220 °C

Trotz dieser Wasserstoffbrückenbindungen sind Phenole in Wasser aber nur mäßig gut löslich. Dies liegt am hydrophoben aromatischen Teil des Moleküls.

2. Chemische Eigenschaften und Reaktivität

a) Durch die OH-Gruppe bedingte Eigenschaften

Phenole sind saurer als Alkohole. Das Phenolation PhO⁻ (auch Phenat genannt) wird durch Resonanz seiner negativen Ladung mit dem aromatischen Ring stabilisiert und ist daher stabiler als ein Alkoholation.

$$ArOH + H_2O \underset{}{\overset{Ka}{\rightleftharpoons}} ArO^{\ominus} + H_3O^{\oplus}$$

Aufgrund der relativ hohen Acidität der Phenole reagieren sie – anders als die Alkohole – mit Basen wie Natriumhydroxid (NaOH). Dieses unterschiedliche Verhalten gegenüber Basen kann benutzt werden, um ein Gemisch aus einem Alkohol und einem Phenol durch selektive Deprotonierung der Phenole aufzutrennen.

$$ArOH + {}^{\ominus}OH \longrightarrow ArO^{\ominus} + H_2O$$

$\langle\text{Phenol}\rangle$—OH   pKa = 9,89 $\langle\text{Cyclohexyl}\rangle$—OH   pKa = 18

Die beiden Alkalimetalle Natrium und Kalium reagieren mit Phenolen. Unter Freisetzung von Wasserstoff entsteht dabei das entsprechende Natriumphenolat bzw. Kaliumphenolat. Alkohole reagieren analog.

$$\langle\text{Phenol}\rangle\text{—OH} + Na \longrightarrow \langle\text{Phenol}\rangle\text{—O}^{\ominus}Na^{\oplus} + 1/2\ H_2\ (g)$$

Ebenso wie die Alkohole und nach denselben Reaktionsmechanismen lassen sich Phenole durch klassische Veresterung in Ester überführen und mithilfe der Williamson-Ethersynthese (Kapitel 34) in Alkoxybenzole.

b) Durch den aromatischen Ring bedingte Eigenschaften

In diesem Kapitel können nicht alle Reaktionen angesprochen werden, die am aromatischen Ring ablaufen können (z. B. Halogenierung, Friedel-Crafts-Reaktion, Nitrierung, Sulfonierung etc.). Man muss sich aber darüber im Klaren sein, dass elektrophile aromatische Substitutionen (S_EAr) bei Phenolen leichter verlaufen als bei Benzol. Das liegt an der Aktivierung des aromatischen Rings durch die *ortho-/para*-dirigierende –OH-Gruppe (Kapitel 27).

3. Darstellung von Phenolen

Mit einer Jahresproduktion von über drei Millionen Tonnen weltweit ist Phenol ein sehr wichtiger chemischer Grundstoff, der zur Herstellung von Produkten wie Kunstharzen, Farbstoffen, Pharmazeutika (z. B. Synthese von Aspirin), Pestiziden, Parfüms usw. benötigt wird. Hier beschreiben wir sehr knapp nur die wichtigsten Methoden zur industriellen Gewinnung des Phenols:

a) Cumolhydroperoxid-Verfahren

Industriell wird Phenol heutzutage nach diesem Verfahren hergestellt.

In Gegenwart eines Radikalinitiators wird Cumol (Isopropylbenzol) mit molekularem Sauerstoff zum entsprechenden Cumolhydroperoxid oxidiert. Nach einer Reihe von Umlagerungen und saurer Hydrolyse entsteht daraus Phenol.

b) Hydrolyse von Arylhalogeniden

Durch industrielle Verseifung aromatischer Halogenderivate erhält man Phenolate, die nach saurer Hydrolyse die entsprechenden Phenole ergeben.

c) Alkalischmelze von Sulfonsäuren

Nach Sulfonierung des Benzols wird mit der erhaltenen Sulfonsäure eine Alkalischmelze durchgeführt. Dabei entsteht das Phenolat, das zum Phenol hydrolysiert wird.

d) Diazotierung primärer aromatischer Amine

Phenole können auch ausgehend von Aryldiazoniumsalzen hergestellt werden. Durch Behandlung eines primären Amins mit Natriumnitrit unter sauren Bedingungen erhält man das Salz des instabilen Diazoniumions (RN_2^+), das zum entsprechenden Phenol zerfällt (Kapitel 38).

Diese Synthesemethode ist eine der grundlegenden Reaktionen in der Farbstoffindustrie.

36 Ether

Worum es geht:
Halogenalkohol, Peroxid

Ether sind Verbindungen der allgemeinen Formel R–O–R', wobei R und R' Kohlenstoffketten sind. In der Organischen Chemie werden sie häufig als Schutzgruppen für Alkoholfunktionen eingesetzt (Kapitel 47).

1. Eigenschaften

Unter normalen Bedingungen sind die meisten Ether leichtflüchtige Flüssigkeiten. Ihre Siedepunkte sind denen der Alkane recht ähnlich, liegen aber deutlich unter denen entsprechender Alkohole. Der Grund dafür ist, dass Ether im Gegensatz zu Alkoholen keine intermolekularen Wasserstoffbrückenbindungen ausbilden können. Allerdings haben cyclische Ether höhere Siedepunkte als die entsprechenden nichtcyclischen Ether. Dies liegt an ihrer kompakteren Struktur, die das Auftreten von Van-der-Waals-Wechselwirkungen ermöglicht.

Pentan	Tetrahydrofuran	Diethylether	n-Butanol
$M = 72$ g·mol^{-1}	$M = 72$ g·mol^{-1}	$M = 74$ g·mol^{-1}	$M = 74$ g·mol^{-1}
Sdp. = 36 °C	Sdp. = 66 °C	Sdp. = 35 °C	Sdp. = 118 °C

Aufgrund ihres O-Atoms im Molekül gehören Ether zu den polaren Verbindungen. Die Löslichkeit der Ether in Wasser nimmt mit steigender Länge der Kohlenstoffketten (hydrophober Teil) ab; nur die ersten beiden Glieder der homologen Reihe (Methoxymethan CH_3OCH_3 und Methoxyethan $CH_3OCH_2CH_3$) sind mit Wasser mischbar. Tetrahydrofuran löst sich besser in Wasser als Diethylether (Ethoxyethan); wahrscheinlich liegt das daran, dass die nichtbindenden Elektronenpaare des Sauerstoffs Wasserstoffbrückenbindungen mit Wasser viel leichter eingehen können. Da sie auch mit vielen organischen Verbindungsklassen gut mischbar sind, benutzt man sie gern als Lösungsmittel. Typische Beispiele sind Diethylether und Tetrahydrofuran.

2. Darstellung von Ethern

a) Ausgehend von Halogenalkanen oder Halogenalkoholen

Nucleophile Substitutionen zwischen einem Halogenalkan und einem Alkoholatanion führen zur Bildung von Ethern (Williamson-Synthese; Kapitel 34).

$$R{-}O^{\ominus} \quad + \quad R'{-}X \quad \longrightarrow \quad R{-}O{-}R' \quad + \quad X^{\ominus}$$

Die Williamson-Ethersynthese lässt sich auch zur Herstellung von cyclischen Ethern aus Halogenalkoholen einsetzen. In diesem Fall findet eine intramolekulare nucleophile Substitution statt (die im Vergleich zu intermolekularen Reaktionen immer bevorzugt abläuft). Während man im intermolekularen Fall zur Bildung der Alkoholate eine ziemlich starke Base benötigt, braucht man im Fall der intramolekularen nucleophilen Substitution die Halogenalkohole nur mit Hydroxidionen zu behandeln, damit die Reaktion abläuft.

Oxacyclopropan oder Oxiran
oder Ethylenoxid

Oxacyclohexan oder
Tetrahydropyran

Die Geschwindigkeit, mit welcher der cyclische Ether gebildet wird, hängt von der Größe des gebildeten Rings ab.

b) Durch Alkoholyse von Halogenalkanen

Tertiäre (und evtl. auch sekundäre) Halogenalkane lassen sich durch Alkoholyse in Ether umwandeln. Ein Beispiel ist die Methanolyse von 2-Chlor-2-methylpropan (*tert*-Butylchlorid), bei der durch S_N1-Substitution 2-Methoxy-2-methylpropan entsteht.

$$(CH_3)_3C-Cl \quad + \quad CH_3OH \quad \rightleftharpoons \quad (CH_3)_3C-OCH_3 \quad + \quad HCl$$

Primäre Halogenalkane reagieren unter entsprechenden Bedingungen nur sehr langsam.

c) Durch Dehydratisierung von Alkoholen

Beim moderaten Erhitzen eines Alkohols mit einer starken nicht nucleophilen Säure wie Schwefelsäure kommt es zu einer intermolekularen Dehydratisierung des Alkohols unter Bildung eines Ethers. Mit dieser Methode können nur symmetrische Ether hergestellt werden.

$$2 \quad R-OH \quad \xrightarrow{H_2SO_4,\ 130°C} \quad R-O-R \quad + \quad H_2O$$

So lässt sich THF durch Erhitzen von Butan-1,4-diol in Gegenwart von Schwefelsäure synthetisieren.

3. Reaktivität

Ether sind relativ stabile Verbindungen und damit wenig reaktiv. Allerdings reagieren sie mit Sauerstoff in einer Radikalreaktion langsam zu Peroxiden (RO–OR) ab.

Das wichtigste Reaktivitätsmuster der Ether beruht aber auf der Polarisierung der C–O-Bindung, die nach Protonierung am O-Atom in einer ionischen Reaktion gespalten werden kann. Wie bei den Alkoholen kommt es durch Reaktion mit einer Säure zur Protonierung des O-Atoms, bei der ein Alkyloxonium-Ion entsteht. Saure Hydrolyse von Ethern führt also zu den entsprechenden Alkoholen.

> **Worum es geht:**
> Klassen von Aminen, Alkylamin, Arylamin

1. Physikalische Eigenschaften

Amine sind organische Verbindungen, die sich von Ammoniak (NH_3) ableiten und bei denen 1, 2 oder 3 H-Atome durch einen kohlenstoffhaltigen Substituenten ersetzt sind. Nach der Anzahl der an das N-Atom gebundenen Substituenten unterscheidet man *drei Klassen von Aminen*:

$$RNH_2 \qquad\qquad RNHR' \qquad\qquad R-\underset{\underset{R''}{|}}{N}-R'$$

primäres Amin   sekundäres Amin   tertiäres Amin

Wenn R eine Alkylgruppe ist, spricht man von *Alkylaminen*. Ist R ein aromatischer Ring, handelt es sich um ein *Arylamin*. Für eine Reihe von Aminen gibt es von der IUPAC-Nomenklatur abweichende Trivialnamen.

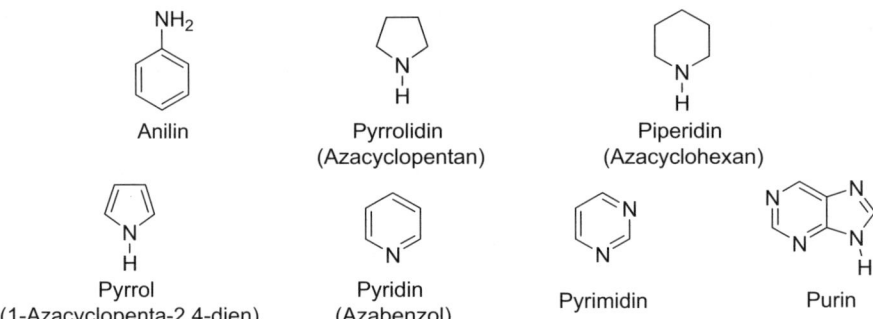

Anilin

Pyrrolidin
(Azacyclopentan)

Piperidin
(Azacyclohexan)

Pyrrol
(1-Azacyclopenta-2,4-dien)

Pyridin
(Azabenzol)

Pyrimidin

Purin

Amine haben höhere Siedepunkte als Alkane, aber niedrigere als Alkohole mit vergleichbaren molaren Massen. Aufgrund des Vorhandenseins der polaren N–H-Bindung können primäre und sekundäre Amine – im Gegensatz zu den tertiären Aminen – intermolekulare Wasserstoffbrückenbindungen ausbilden. Darum haben tertiäre Amine im Allgemeinen niedrigere Siedepunkte als primäre und sekundäre Amine vergleichbarer molarer Massen.

Pentan   M = 72 g·mol–1
Sdp. = 36 °C

Butanamin   M = 73 g·mol–1
Sdp. = 73 °C

n-Butanol   M = 74 g·mol–1
Sdp. = 118 °C

Da die Siedepunkte der Amine niedriger sind als die der entsprechenden Alkohole, schließt man daraus, dass die Wasserstoffbrückenbindungen bei Aminen schwächer sind als bei Alkoholen. Abgesehen von Trimethylamin ($(CH_3)_3N$), Dimethylamin ($(CH_3)_2NH$) und Methylamin CH_3NH_2, die bei Raumtemperatur gasförmig sind, liegen viele andere Amine als Flüssigkeiten vor. Oftmals riechen Amine sehr unangenehm und sind toxisch. Gleichgültig, zu welcher Klasse sie gehören, können alle Amine Wasserstoffbrückenbindungen mit Wassermolekülen bilden und sind somit wasserlöslich.

2. Chemische Eigenschaften

Das nichtbindende Elektronenpaar am Stickstoff verleiht den Aminen basischen und nucleophilen Charakter. Darin liegt das wesentliche Merkmal dieser Verbindungen. Bei primären und sekundären Aminen kann die N–H-Bindung gespalten werden, woraus zusätzlich ein (schwach) saurer Charakter resultiert.

a) Basizität von Aminen

Die Basizität ist auf das nichtbindende Elektronenpaar am N-Atom zurückzuführen. Die Mehrzahl der Amine reagiert in wässriger Lösung basisch. In Gegenwart einer Säure werden sie zu den entsprechenden quaternären Ammoniumverbindungen protoniert.

$$R\overset{..}{N}H_2 \ + \ H_3O^{\oplus} \ \rightleftharpoons \ R\overset{\oplus}{N}H_3 \ + \ H_2O$$

Amine	$(CH_3)_3N$	$(CH_3)_2NH$	CH_3NH_2	NH_3
pK_a	9,8	10,8	10,6	9,2

Amine	$(C_2H_5)_3N$	$(C_2H_5)_2NH$	$C_2H_5NH_2$	NH_3
pK_a	10,6	11,1	10,7	9,2

Acyclische Amine sind stärker basisch als Ammoniak. In *wässriger Lösung* beobachtet man folgende Reihenfolge der Basizität:

sekundäre > primäre > tertiäre

Je elektronenreicher das N-Atom eines Amins ist, desto stärker sind seine Basizität und Nucleophilie. Dies ist der Fall, wenn man von Ammoniak zu einem primären und dann zu einem sekundären Amin übergeht. Allerdings sind tertiäre Amine im Allgemeinen weniger basisch als sekundäre. Die Unterschiede hinsichtlich ihrer Basizität sind nicht sehr ausgeprägt, da sich hier verschiedene (elektronische, sterische und vor allem Solvatisierungs-) Effekte überlagern. Grund dafür sind die sterische Hinderung am N-Atom, welche die Nucleophilie der tertiären Amine verringert, sowie die schwächere Solvatisierung der konjugierten Säure, die ihre Basizität vermindert.

Die *intrinsische (natürliche) Basizität* kann in der *Gasphase* bestimmt werden. Sie kann sich stark von der Basizität unterscheiden, die in Gegenwart von Lösungsmitteln beobachtet wird. Die intrinsische Basizität der Amine nimmt in der Regel mit dem Substitutionsgrad des Stickstoffs zu.

b) Acidität von Aminen

Primäre und sekundäre Amine sind sehr schwache Säuren mit pK_a-Werten > 30. Unter wasserfreien Bedingungen lassen sie sich durch sehr starke Basen wie *n*-Butyllithium (*n*-BuLi) deprotonieren. Auf diese Weise stellt man Lithiumdiisopropylamid (LDA) her.

LDA ist eine in der organischen Synthese oft verwendete Base, die mehrere Vorteile aufweist: Sie ist in organischen Lösungsmitteln löslich, eine sehr starke Säure ($pK_a = 40$) und aufgrund der sterischen Hinderung durch die Isopropylgruppen nur sehr wenig nucleophil.

38 Amine: Darstellung und Reaktivität

Worum es geht:
Hofmann-Alkylierung, Gabriel-Synthese, reduktive Aminierung, *anti*-Saytzeff-Eliminierung, Sandmeyer-Reaktion

1. Darstellung von Aminen

Die wichtigsten Methoden zur Darstellung von Aminen sind nachstehend beschrieben.

a) Durch nucleophile Substitution

Primäre Amine sollten sich mittels nucleophiler Substitution eines Halogenalkans durch Ammoniak nach folgendem Schema synthetisieren lassen:

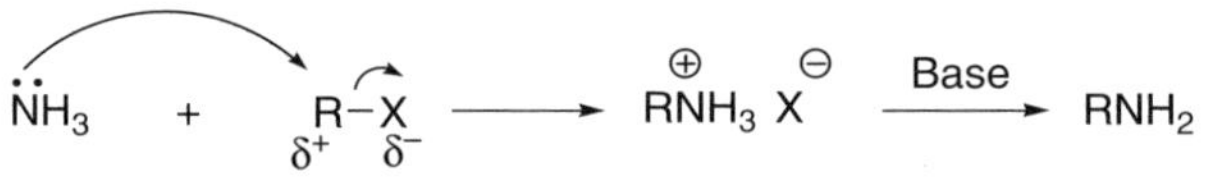

Allerdings findet diese als ***Hofmann-Alkylierung*** bekannte Reaktion nur sehr begrenzt Anwendung, da das Alkylamin auch mit dem Halogenalkan reagiert. Dadurch entstehen Produktgemische, die vom primären Amin bis zum quarternären Ammoniumsalz ($R_4N^+X^-$) reichen.

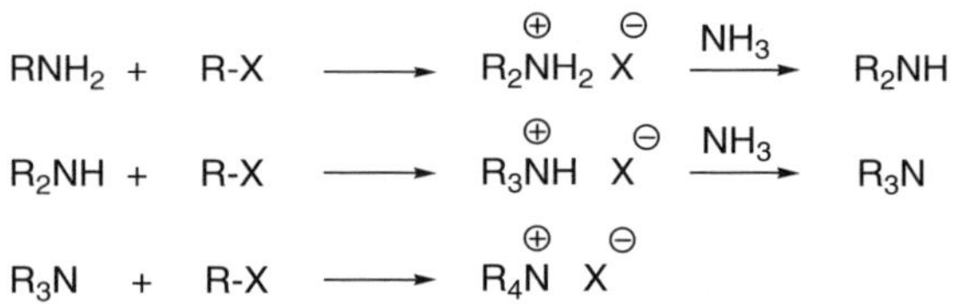

Diese Methode stellt somit keinen guten Zugang zu den verschiedenen Klassen von Aminen dar. Um die Bildung eines Produktgemischs zu vermeiden, setzt man die ***Gabriel-Synthese*** ein. Mit dieser Methode kann man primäre Amine herstellen. Dazu wird die konjugierte Base des Phtalimids als Nucleophil benutzt.

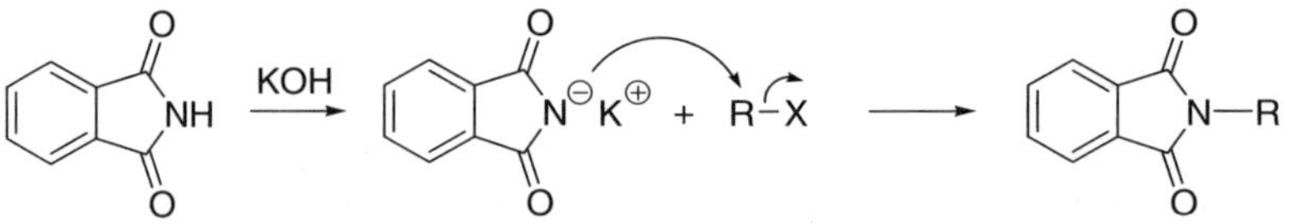

Phtalimid

Nach der nucleophilen Substitution eines Halogenalkans durch Kaliumphtalimid wird die Aminofunktion durch Behandlung mit Hydrazin (NH_2–NH_2) freigesetzt.

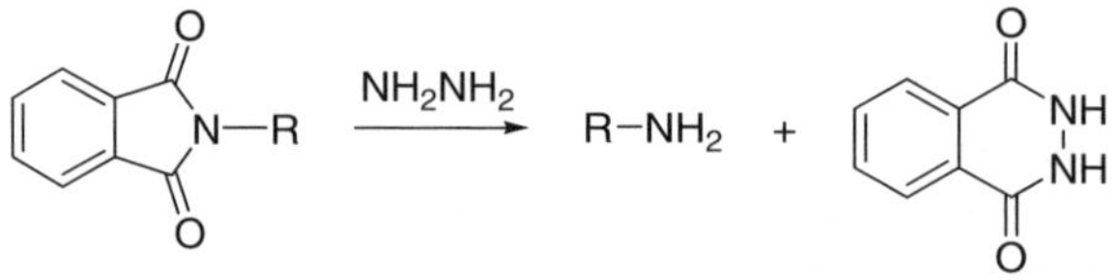

Eine andere effiziente Methode zur Synthese primärer Amine durch nucleophile Substitution ist der Angriff eines Azids (N_3^-) auf ein Halogenalkan, an den sich die Reduktion des dabei gebildeten instabilen Zwischenprodukts anschließt.

$$\overset{\oplus}{N}a\overset{\ominus}{N_3} \quad + \quad R-X \quad \longrightarrow \quad R-N_3 \quad \xrightarrow{\text{LiAlH}_4} \quad RNH_2$$

$$\left[R-\overset{\oplus}{N}=N=\overset{\ominus}{N} \right]$$

b) Durch Reduktion von Nitroverbindungen

Allgemein erhält man primäre Arylamine ($ArNH_2$) durch Reduktion des entsprechenden Nitroderivats, das wiederum durch Nitrierung eines Aromaten im Sauren zugänglich ist (Kapitel 26).

$$\text{C}_6\text{H}_5-NO_2 \quad \xrightarrow[\substack{\text{oder}\\ \text{Fe, HCl}}]{H_2, \text{Pt}} \quad \text{C}_6\text{H}_5-NH_2$$

Die Reduktion der Nitrofunktion gelingt entweder durch Hydrierung in Gegenwart von Platin oder durch Reduktion durch Eisen (bzw. Zink) im sauren Milieu.

c) Durch Reduktion von Nitrilen

Nitrile lassen sich durch katalytische Hydrierung in Gegenwart von Nickel oder durch Reduktion mit Lithiumaluminiumhydrid in das entsprechende primäre Amin umwandeln.

$$R-CH_2-C\equiv N \quad \xrightarrow[\substack{\text{oder}\\ \text{LiAlH}_4}]{H_2, \text{Ni}} \quad R-CH_2-CH_2-NH_2$$

d) Durch reduktive Aminierung

Ausgehend von einem Keton oder Aldehyd sind Amine auch durch reduktive Aminierung zugänglich. Das während der Reaktion intermediär auftretende Imin ergibt – je nachdem, ob das Substrat Ammoniak, ein primäres oder ein sekundäres Amin war – ein primäres, sekundäres oder tertiäres Amin.

Die Reaktion läuft in zwei Schritten ab. Im ersten Schritt, der Kondensation, entsteht unter Abspaltung eines Moleküls Wasser das Imin (mit sekundären Aminen wird ein Iminiumion gebildet). Im zweiten Schritt wird das entstandene Imin (bzw. Iminiumion) durch Hydrierung zum Amin reduziert.

2. Reaktivität von Aminen

a) Alkylierung

Siehe 1a: Darstellung von Aminen durch nucleophile Substitution

b) Hofmann-Eliminierung

Bei der Hofmann-Eliminierung entsteht das niedriger substituierte Alken im Überschuss (*anti*-Saytzeff-Eliminierung). Im ersten Schritt reagiert das Amin mit einem Überschuss an Methyliodid zur quartären Ammoniumverbindung. Im zweiten Schritt wird das Alken unter kinetischer Kontrolle durch Angriff einer starken Base am stärksten aciden und am leichtesten zugänglichen H-Atom gebildet.

c) Acylierung: Synthese von Amiden

Die Reaktion von primären bzw. sekundären Aminen mit einem Acylchlorid RCOCl (oder einem Säureanhydrid RCO–O–COR) führt zur Bildung von Amiden. Bei der Reaktion mit tertiären Aminen entsteht kein Produkt.

d) Sulfonierung

Die Reaktion von primären bzw. sekundären Aminen mit *para*-Toluolsulfonsäurechlorid (oder Tosylchlorid) liefert die entsprechenden Tosylamine (oder Toluolsulfonamide), wohingegen die tertiären Amine nicht reagieren.

e) Nitrosierung

Primäre Amine (R–NH$_2$) reagieren mit salpetriger Säure (HNO$_2$) bei tiefen Temperaturen ($< 0\,°C$) schnell zu den instabilen und hoch reaktiven Diazoniumsalzen (R–N$_2^+$).

HNO$_2$ ist eine schwache und instabile Säure, die ausgehend von Natriumnitrit durch Behandlung mit einer starken Säure *in situ* hergestellt werden muss.

$$NaNO_2 \ + \ HCl \ \longrightarrow \ HO{-}N{=}O \ + \ NaCl \qquad HO{-}N{=}O \ \xrightarrow[-H_2O]{H^{\oplus}} \ {}^{\oplus}N{=}O$$

Natriumnitrit   salpetrige Säure

Durch Angriff des unter Reaktionsbedingungen freigesetzten Elektrophils NO$^+$ wandelt sich das Amin in ein Nitrosamin um, das sich anschließend zu einem Diazoniumsalz umlagert.

Nitrosamin   Diazoniumsalz

Besonders interessant ist diese Reaktion im Fall primärer Arylamine, da hier aufgrund der hervorragenden Abgangsgruppe N$_2$ eine nucleophile Substitution am aromatischen Ring möglich wird. Dabei entstehen z. B. Phenole oder Arylnitrile. Die Zersetzung des Diazoniumsalzes in Gegenwart eines Kupfer(I)salzes (CuX) führt zur Bildung des entsprechenden aromatischen Halogenids. Diese Methode ist als *Sandmeyer-Reaktion* bekannt.

Sekundäre Amine ergeben Nitrosamine, und tertiäre Amine werden zu quaternären Ammoniumsalzen protoniert.

f) Diazotierung

Viele Farbstoffe enthalten eine Azofunktion (–N=N–) und entstehen durch Reaktion von Phenolen oder Anilinen mit einem Diazoniumsalz. Aryldiazonium-Ionen sind schwache Elektrophile, sodass es zum Angriff durch Arene kommen kann, wenn diese, wie im Fall der Phenole oder Aniline, durch Donorgruppen aktiviert sind.

Buttergelb oder
4-Dimethylaminoazobenzol

Dies trifft beispielsweise auf das als Buttergelb bekannte 4-Dimethylaminoazobenzol zu, einen orangefarbenen Farbstoff, der ausgehend von *N,N*-Dimethylanilin synthetisiert wird.

g) Reaktion mit Carbonylen

Siehe 1d: Darstellung von Aminen durch reduktive Aminierung

Worum es geht:
Carbonylfunktion, 1,2-Addition

1. Allgemeines

Carbonyle sind Verbindungen mit einer C=O-Doppelbindung; man spricht hier von einer ***Carbonylfunktion***. Zu den Carbonylverbindungen zählt man die ***Aldehyde***, bei denen der sp^2-Kohlenstoff mit mindestens einem H-Atom verknüpft ist, und die ***Ketone***, bei denen er mit zwei C-Atomen verbunden ist.

Aldehyd   Keton

Aufgrund ihrer sp^2-Hybridisierung liegen die C- und O-Atome der Carbonylfunktion zusammen mit den beiden an das C-Atom gebundenen Gruppen in einer Ebene. Strukturell gesehen besteht damit eine Analogie zwischen einer Carbonylfunktion und einem Alken. Allerdings verleihen die zwei nichtbindenden Elektronenpaare und die hohe Elektronegativität des O-Atoms dieser funktionellen Gruppe ganz charakteristische Eigenschaften. Tatsächlich basiert die Reaktivität der Carbonylgruppe auf der Polarisierung der C=O-Doppelbindung, die das C-Atom elektrophil macht (positive Partialladung δ^+). Der Sauerstoff dagegen ist nucleophil (negative Partialladung δ^-) und leicht basisch. Mit dieser Polarität lassen sich 1,2-Additionen von Nucleophilen an Carbonylgruppen erklären (Kapitel 40).

1,2-Addition H_2O

Aufgrund der Anwesenheit von elektronenspendenden Gruppen am Kohlenstoff der Carbonylgruppe sind Ketone bezüglich nucleophiler Additionen weniger reaktiv als Aldehyde. Es gilt folgende Reaktivitätsreihenfolge:

Formaldehyd oder Methanal   >   Acetaldehyd oder Ethanal   >   Aceton oder Propanon

Aufgrund der Polarisierung der C=O-Doppelbindung haben Aldehyde und Ketone höhere Siedepunkte als Kohlenwasserstoffe mit vergleichbaren molaren Massen.

Pentan   M = 72 g·mol^{-1} Butanal   M = 72 g·mol^{-1} Butan-2-on   M = 72 g·mol^{-1}

Sdp. = 36 °C   Sdp. = 76 °C   Sdp. = 80 °C

2. Darstellung

Die wichtigsten Methoden zur Herstellung von Aldehyden und Ketonen sind nachstehend beschrieben.

a) Durch Oxidation von Alkoholen

Aldehyde und Ketone lassen sich durch Oxidation von primären bzw. sekundären Alkoholen mit Chromverbindungen gewinnen (Kapitel 34). Damit die Oxidation eines primären Alkohols einen Aldehyd ergibt und die Überoxidation zur Carbonsäure vermieden wird, darf sie nur unvollständig verlaufen und muss unter wasserfreien Bedingungen ausgeführt werden (Verwendung von Collins-Reagenz: CrO_3, Pyridin).

$$R-CO_2H \xleftarrow[\text{Aceton}]{CrO_3,\ H_2SO_4} R-CH_2OH \xrightarrow{CrO_3,\ \text{Pyridin}} R-CH=O$$

Bei der Oxidation eines sekundären Alkohols entsteht ein Keton.

b) Durch Ozonolyse von Alkenen

Mit Ozon (O_3) gelingt es, die Doppelbindung des Alkens oxidativ unter Bildung eines Ketons und eines Aldehyds zu spalten (Kapitel 22). Durch Einwirkung von Ozon und nachfolgende Behandlung mit einem Reduktionsmittel [Zn oder $(CH_3)_2S$] wird die Doppelbindung von Alkenen gespalten. Dabei entstehen Aldehyde bzw. Ketone.

c) Durch Hydratisierung von Alkinen

Die Hydratisierung eines Alkins mit Quecksilbersalzen unter sauren Bedingungen ergibt ein Enol, das spontan zum entsprechenden Keton tautomerisiert. Bei der Hydratisierung eines terminalen Alkins erhält man ein Methylketon, d. h. die Addition von Wasser an die Dreifachbindung folgt der Markovnikov-Regel (Kapitel 24).

Die Hydroborierung von Alkinen mit anschließender Oxidation ist eine *anti*-Markovnikov-Hydratisierung, bei der ein Keton oder – im Falle eines terminalen Alkins – ein Aldehyd entsteht (Kapitel 24).

d) Durch Friedel-Crafts-Acylierung

Die Friedel-Crafts-Acylierung ermöglicht die Synthese von Arylketonen durch elektrophile aromatische Substitution von Benzol oder Benzolderivaten (Kapitel 26).

Aldehyde und Ketone:
Additionen an die Carbonylgruppe

Worum es geht:
Hydrid, Carbonylhydrat, Acetal, Kondensation, Enamin, Cyanhydrin, Ylid, Wittig-Reaktion, Wolff-Kishner-Reduktion, Michael-Addition

Carbonylverbindungen reagieren an drei verschiedenen Positionen:

- am sp^2-hybridisierten C-Atom, das aufgrund des benachbarten O-Atoms elektrophil ist
- am nucleophilen O-Atom (Lewis-Base)
- am H-Atom in α-Stellung zur Carbonylgruppe

Die in diesem Kapitel vorgestellten Additionen an die Carbonylfunktion betreffen die beiden ersten Punkte. Die Acidität des H-Atoms am benachbarten Kohlenstoff ist die Grundlage für die Reaktivität der Carbonylfunktion in α-Stellung (Details in Kapitel 41).

1. Bildung von Alkoholen

a) Durch katalytische Hydrierung

Durch Addition von Wasserstoff (H_2) an die C=O-Doppelbindung wird die Carbonylverbindung zum entsprechenden Alkohol reduziert. Wie bei den Alkenen findet diese Reaktion in Gegenwart eines Metallkatalysators wie Nickel statt. Aufgrund der im Vergleich zur C=C-Doppelbindung niedrigeren Reaktivität der C=O-Doppelbindung muss man solche Reaktionen allerdings unter höheren Temperaturen und bei höherem Druck durchführen.

Alkene lassen sich selektiv hydrieren, ohne dass es zur Reduktion der Carbonylfunktion kommt.

b) Durch Addition von Hydrid

Der Angriff eines Metallhydrids wie Natriumborhydrid ($NaBH_4$) oder Lithiumaluminiumhydrid ($LiAlH_4$) am elektrophilen Zentrum der Carbonylfunktion reduziert diese zum entsprechenden Alkohol.

c) Durch Addition einer metallorganischen Verbindung

Die nucleophile Addition einer metallorganischen Verbindung (z. B. eines Magnesiumorganyls) an ein Carbonylderivat ergibt nach saurer Hydrolyse des intermediär gebildeten Alkoholats den entsprechenden Alkohol (Kapitel 32).

2. Bildung von Hydraten durch Addition von Wasser

Die Addition von Wasser an eine Carbonylfunktion verläuft sowohl im Sauren als auch im Basischen und liefert ein *Carbonylhydrat*.

Carbonylhydrat

Bei der Hydratisierung handelt es sich um eine Gleichgewichtsreaktion. Im Fall der Ketone liegt das Gleichgewicht auf der linken Seite, während es im Fall der reaktiveren Aldehyde mehr nach rechts verschoben ist (Kapitel 39).

3. Bildung von Halbacetalen und Acetalen durch Addition von Alkoholen

Unter sauren Bedingungen addieren sich Alkohole auf dieselbe Weise wie Wasser an die Carbonylfunktion und ergeben *Halbacetale*. Diese sind Zwischenprodukte bei der Synthese von *Acetalen*.

Halbacetal   Acetal

Acetale (insbesondere cyclische Acetale) werden vor allem als Schutzgruppen für die Carbonylfunktion eingesetzt (Kapitel 47).

4. Bildung von Iminen bzw. Enaminen durch Addition von Aminen

Wie Wasser und Alkohole addieren sich auch Ammoniak und Amine nach demselben Muster an die Carbonylfunktion. Durch Dehydratisierung des intermediär gebildeten Halbaminals entstehen dabei Imine. Diese Reaktion ist eine *Kondensation*.

Halbaminal   Imin

Wird die Kondensation mit einem sekundären Amin durchgeführt, erfolgt die Dehydratisierung in der Weise, dass der Wasserstoff des C-Atoms (und nicht der des N-Atoms) eliminiert wird. Bei der dabei entstehenden Verbindung handelt es sich um ein *Enamin*.

$$H_3C \overset{\displaystyle |}{\underset{\displaystyle H_3C}{N}}H \; + \; \overset{\displaystyle }{C}=O \; \rightleftharpoons \; H_3C-\overset{\oplus}{\underset{H}{N}}-CH_3 \quad \xrightarrow[\text{(Prototropie)}]{\text{Protonen- wanderung}} \quad \overset{H_3C \quad CH_3}{\underset{OH}{N}} \quad \xrightarrow{-H_2O} \quad \overset{H_3C \quad CH_3}{N}$$

Halbaminal   Enamin

5. Bildung von Cyanhydrinen durch Addition von Cyaniden

Die nucleophile Addition eines Cyanids an ein Carbonylderivat führt zur Bildung eines Cyanhydrins.

$$:C{\equiv}N \; + \; \overset{}{C}=\overset{..}{\underset{..}{O}}: \; \rightleftharpoons \; \overset{CN}{\underset{\overset{..}{\underset{..}{O}}:}{}} \; \xrightarrow{H^+} \; \overset{CN}{\underset{OH}{}}$$

Cyanhydrin

6. Addition von Phosphoryliden: Wittig-Reaktion

Als Wittig-Reaktion bezeichnet man die nucleophile Addition eines Phosphorylids an eine Carbonylverbindung. Dabei entsteht ein Alken, dessen Konfiguration (Z oder E) durch die Wahl des Ausgangs-Ylids gesteuert werden kann.

$$\overset{R}{\underset{R',H}{}}{=}O \; + \; Ph_3\overset{\oplus}{P}{-}\overset{R''}{\underset{\ominus}{}} \; \longrightarrow \; \overset{R}{\underset{R',H}{}}{=}\overset{}{\underset{R''}{}} \; + \; Ph_3P{=}O$$

Phosphorylid   Triphenyl-
                                          phosphinoxid

Phosphorylide werden meistens durch nucleophile Substitution eines Halogenalkans mit Triphenylphosphin (PPh$_3$) und anschließende Deprotonierung an dem C-Atom dargestellt, das sich in α-Stellung zur Phosphoniumgruppe (positiv geladenes P-Atom) befindet.

$$Ph_3P: \; + \; X{-}CH_2R \; \longrightarrow \; Ph_3\overset{\oplus}{P}{-}CH_2R, \; X^{\ominus} \; \xrightarrow{\textit{n}\text{-BuLi}} \; Ph_3\overset{\oplus}{P}{-}\overset{\ominus}{C}HR \; + \; LiX$$

Phosphorylid

$$Ph_3P{=}CHR$$

Durch die Wittig-Reaktion gelingt die Bildung einer C–C-Doppelbindung zwischen dem Kohlenstoff des Ylids und dem Kohlenstoff des Carbonylderivats. Dies macht die Reaktion zu einer überaus interessanten Synthesemethode.

7. Wolff-Kishner-Reduktion

So wie man bei der Reaktion eines Amins mit einer Carbonylfunktion ein Imin erhält, liefert die Reaktion mit Hydrazin (NH$_2$–NH$_2$) ein Hydrazon. Erwärmt man das Hydrazon im Basischen, zersetzt es sich unter Freisetzung von Stickstoff (N$_2$) und ergibt den entsprechenden Kohlenwasserstoff. Diese Transformation nennt man Wolff-Kishner-Reduktion.

$$H_2N-\overset{..}{N}H_2 + \overset{'}{\underset{'}{C}}=\overset{..}{\underset{..}{O}} \xrightarrow{-H_2O} \overset{'}{\underset{'}{C}}=N \overset{NH_2}{} \underset{-H_2O}{\overset{HO^{\ominus}}{\rightleftharpoons}} \overset{'}{\underset{'}{C}}H_2 + N_2\,(g)$$

Hydrazin   Hydrazon

8. α, β-ungesättigte Aldehyde und Ketone

Bei α, β-ungesättigten Carbonylverbindungen wird der β-Kohlenstoff aufgrund der Delokalisierung der Elektronen auf den Sauerstoff elektrophil.

Addition von Nucleophilen
an den β-Kohlenstoff

a) Addition von Alkoholen und Aminen

In Abhängigkeit der Eigenschaften von Nucleophilen findet eine 1,2- oder 1,4-Addition an Enone statt. O-Nucleophile (Alkohole, Wasser) und N-Nucleophile (Amine) gehen konjugierte Additionen (1,4-Additionen) ein und addieren am β-ständigen C-Atom von Enonen. Diese Reaktionen können sowohl sauer als auch basisch katalysiert werden, liefern unter basischen Bedingungen aber generell bessere Ergebnisse.

b) Addition von metallorganischen Reagenzien

Lithiumorganyle gehen 1,2-Additionen ein, während Kupferorganyle die Produkte einer 1,4-Addition ergeben (Kapitel 32). Die Addition von Magnesiumorganylen führt zu Produktgemischen.

c) Michael-Addition

Die 1,4-Addition eines Enolats (Kapitel 41) kann sowohl an α,β-ungesättigten Aldehyden als auch an Ketonen erfolgen (sog. Michael-Addition).

Das α,β-ungesättigte Keton wird Michael-Akzeptor genannt.

Worum es geht:
Tautomerie, Prototropie, Enol, Enolat, Haloform-Reaktion, Aldolreaktion, Crotonisierung (Aldolkondensation)

1. Enole und Enolate

a) Keto-Enol-Gleichgewicht

Als *Tautomerie* bezeichnet man in einem Molekül die Wanderung eines H-Atoms, bei der sich auch die Position einer Doppelbindung verändert. Man spricht von Prototropie (Umlagerung eines Protons). Die beiden Tautomeren sind Konstitutionsisomere, die sich über eine reversible chemische Reaktion ineinander umwandeln können.

Im Fall von Carbonylverbindungen entsteht durch Wanderung eines H-Atoms in α-Stellung die *Enolform* (eine direkt mit einer C–C-Doppelbindung verknüpfte OH-Gruppe), die im Allgemeinen weniger stabil ist als das ursprüngliche Keton. Man spricht hier vom Keto-Enol-Gleichgewicht, das sich unter neutralen, sauren oder basischen Bedingungen einstellen kann. Die Reaktion wird durch Säuren oder Basen katalysiert und läuft unter diesen Bedingungen schneller ab.

Der prozentuale Anteil des Enols hängt hauptsächlich von der Struktur der Carbonylverbindung ab. Bei einfachen Ketonen wie dem Aceton ist das Gleichgewicht stark zur Ketoform hin verschoben. Bei 1,3-Dicarbonylverbindungen wie dem Pentan-2,4-dion wird die Enolform durch Bildung einer intramolekularen Wasserstoffbrückenbindung stabilisiert.

b) Bildung von Enolaten

Bei Behandlung eines Ketons mit einer Base kommt es zur Deprotonierung des stärker aciden H-Atoms ($pK_a = 20$) in α-Stellung zur Carbonylgruppe. Dabei entsteht ein Enolat. Das Enolat liegt in zwei mesomeren Formen vor, wobei die Form bevorzugt ist, in der die negative Ladung am O-Atom lokalisiert ist.

2. Reaktivität von Enolen und Enolaten

Enole und Enolate sind Nucleophile mit zwei reaktiven Zentren: dem C-Atom in α-Stellung zum Carbonyl und dem O-Atom. Sie können mit verschiedenen Elektrophilen reagieren; die meisten Reaktionen spielen sich am α-ständigen Kohlenstoff ab.

Das Elektrophil kann ein Halogen, ein Halogenalkan oder eine Carbonylverbindung sein.

a) Halogenierung

Unter sauren Bedingungen reagieren Ketone mit Halogenen wie Brom (Br_2) und führen zur entsprechenden α-halogenierten Carbonylverbindung.

Unter basischen Bedingungen dagegen erhöht die Einführung des ersten Halogenatoms die Acidität des Protons in α-Stellung zur Carbonylgruppe und erleichtert damit die Bildung eines zweiten Enolats. Das Produkt ist damit reaktiver als das Substrat, sodass man bei der Reaktion polyhalogenierte Produkte erhält.

Bei den Methylketonen kommt es zu einer Addition von HO^--Ionen an das trihalogenierte Produkt, an die sich eine Eliminierung von CX_3^- anschließt. Diese als Haloform-Reaktion (Iodoform-Test) bekannte Transformation ermöglicht die Umwandlung von Methylketonen in Carbonsäuren. Während der Reaktion bildet sich ein gelber Niederschlag von Triiodmethan (Iodoform).

b) Alkylierung

Das im Basischen gebildete Enolat ist ein sehr gutes Nucleophil, das mit Halogenalkanen in Art einer nucleophilen Substitution reagieren kann. Bei einem dissymmetrischen Keton findet die Alkylierung an der sterisch weniger gehinderten Seite statt.

Dabei konkurriert die Alkylierung mit der Aldolreaktion (siehe c).

c) Aldolreaktion

Enol oder Enolat können auch mit einer Carbonylverbindung reagieren und ein Aldol bilden. An den ersten Schritt, die Aldoladdition, schließt sich im zweiten Schritt eine Dehydratisierung an, auch *Crotonisierung* oder *Aldolkondensation* genannt. Dabei entsteht eine α,β-ungesättigte Verbindung, die stabiler ist als das intermediär auftretende Aldol.

42 Carbonsäuren

Worum es geht:
Carboxylat, Acidität

1. Allgemeines und Eigenschaften

Carbonsäuren (RCOOH) sind Verbindungen mit einem pK_a-Wert zwischen 4 und 5. Ein Beispiel ist die Ethansäure (Essigsäure), der wichtigste Bestandteil von Essig.

$$CH_3COOH + H_2O \rightleftharpoons CH_3COO^{\ominus} + H_3O^{\oplus} \qquad pKa = 4{,}75$$
Essigsäure

Wie Carbonylverbindungen haben auch Carbonsäuren eine polarisierte C=O-Doppelbindung, d. h. sie besitzen ein elektrophiles C-Atom, das nucleophil angegriffen werden kann, und ein nucleophiles O-Atom. Der nucleophile Sauerstoff spielt vor allem in der deprotonierten Carboxylatform (RCOO⁻) eine wichtige Rolle.

Addition von Nucleophilen an den Kohlenstoff — am stärksten basischer Sauerstoff

Deprotonierung des aciden Wasserstoffs

Allerdings handelt es sich bei Carboxylatanionen aufgrund der Stabilisierung ihrer negativen Ladung durch Delokalisierung um relativ schwache Nucleophile und Basen. Tatsächlich ist die negative Ladung im Carboxylatanion über die zwei O-Atome delokalisiert (siehe mesomere Grenzformeln), was ihre relative Stabilität erklärt.

Aufgrund der Reaktivität der Carbonsäurefunktion gibt es verschiedene von ihr abgeleitete funktionelle Gruppen, beispielsweise die Ester, die Amide und die Acylchloride (Kapitel 43).

Carbonsäuren mit einer Kohlenstoffkette von weniger als neun C-Atomen liegen unter normalen Bedingungen als Flüssigkeiten vor. Carbonsäuren mit einer längeren Kohlenstoffkette sind Feststoffe.

Aufgrund der polaren Bindungen der Carbonsäuren kommt es in polaren Lösungsmitteln wie Wasser, Alkoholen oder anderen Säuren zur Bildung intermolekularer Wasserstoffbrückenbindungen. Daher sind Carbonsäuren mit bis zu vier C-Atomen (bis zu Butansäure) mit Wasser mischbar. Andererseits liegen Carbonsäuren aufgrund der Wasserstoffbrückenbindungen zwischen zwei Molekülen derselben Säure oft als Dimere vor.

$$R-C\overset{O\cdots H-O}{\underset{O-H\cdots O}{}}C-R \qquad \text{Wasserstoffbrückenbindung}$$

Carbonsäuren haben höhere Siede- und Schmelzpunkte als andere Verbindungen mit vergleichbaren molaren Massen. Der Grund dafür sind die Wasserstoffbrückenbindungen.

2. Darstellung von Carbonsäuren

Die wichtigsten Methoden zur Darstellung von Carbonsäuren sind nachstehend beschrieben.

a) Durch Oxidation primärer Alkohole

Primäre Alkohole können unter wässrigen sauren Bedingungen mit dem Jones-Reagenz (CrO_3, H_2SO_4, Aceton) zu Carbonsäuren oxidiert werden.

$$R-CH_2OH \xrightarrow[\text{Aceton}]{CrO_3,\ H_2SO_4} R-\overset{O}{\overset{\|}{C}}-OH$$

Die Oxidation eines primären Alkohols durch Chrom unter wässrigen sauren Bedingungen läuft nach folgendem Mechanismus ab:

b) Durch Addition von Metallorganylen an Kohlenstoffdioxid

Wie wir gesehen haben, kommt es bei der nucleophilen Addition eines metallorganischen Reagenzes an eine Carbonylverbindung nach saurer Hydrolyse des intermediär auftretenden Alkoholats zur Bildung des entsprechenden Alkohols (Kapitel 32).

Auf dieselbe Weise greifen metallorganische Reagenzien auch das Kohlenstoffdioxid (CO_2) an. Nach Protonierung erhält man die entsprechende Carbonsäure. Das metallorganische Reagenz selbst wird durch Insertion eines Metallatoms in die Kohlenstoff-Halogen-Bindung eines Halogenalkans gebildet.

Durch diese Reaktion kann man also ein Halogenalkan (RX) in eine Carbonsäure (RCOOH) umwandeln.

c) Durch Hydrolyse von Nitrilen

Durch saure oder basische Hydrolyse eines Nitrils entsteht die entsprechende Carbonsäure.

d) Durch Hydrolyse von Estern

Saure oder basische Hydrolyse eines Esters liefert die entsprechende Carbonsäure bzw. das entsprechende Carboxylat.

Die Verseifung (basische Hydrolyse) läuft nach dem folgenden Mechanismus ab:

Im Sauren werden Ester wie folgt hydrolysiert:

3. Reaktivität von Säuren

Aufgrund der Reaktivität von Carbonsäuren ist die Bildung verschiedener Säurederivate möglich (Details in Kapitel 43). Die wichtigsten Derivate der Carbonsäuren sind die Ester, die Acylhalogenide, die Säureanhydride und die Amide.

Worum es geht:
Acylchlorid, Ester, Amid, Säureanhydrid, Nitril, Veresterung

Unter Carbonsäurederivaten versteht man Verbindungen, die ein C-Atom derselben Oxidationsstufe enthalten wie die Carbonsäuren und durch saure oder basische Hydrolyse in Carbonsäuren überführt werden.

Carbonsäurederivat	Formel
Acylchlorid	$\underset{\displaystyle R-\overset{\textstyle O}{\overset{\|}{C}}-Cl}{}$
Ester	$R-\overset{O}{\overset{\|}{C}}-OR'$
Amid (primär, sekundär oder tertiär)	$R-\overset{O}{\overset{\|}{C}}-NH_2$ oder $R-\overset{O}{\overset{\|}{C}}-NHR'$ oder $R-\overset{O}{\overset{\|}{C}}-NR'_2$
Säureanhydrid	$R-\overset{O}{\overset{\|}{C}}-O-\overset{O}{\overset{\|}{C}}-R'$
Nitril	$R-C\equiv N$

Acylchloride und Säureanhydride sind hoch reaktive Verbindungen, die in der Organischen Synthese für zahlreiche chemische Transformationen eingesetzt werden.

Ester sind Verbindungen mit oftmals angenehmem Geruch. Die Aromen von Blumen oder Früchten beruhen häufig auf verschiedenen einfachen Estern. So ist beispielsweise das unten dargestellte Isopentylethanoat (oder Essigsäureisopentylester) für das Bananenaroma verantwortlich:

Amide kommen u. a. in Peptiden und Proteinen vor (Kapitel 56).

Darstellung von Carbonsäurederivaten

▶ Acylchloride

Reaktionen von Carbonsäuren mit Thionylchlorid $SOCl_2$ (oder Phosphorpentachlorid PCl_5) liefern Acychloride.

$$R-\overset{O}{\overset{\|}{C}}-OH \;+\; SOCl_2 \longrightarrow R-\overset{O}{\overset{\|}{C}}-Cl \;+\; SO_2 \;+\; HCl$$

▶ Ester

Ein Ester wird durch Umsetzung einer Carbonsäure mit einem Alkohol unter sauren Bedingungen gebildet (*Veresterung*):

$$R-\overset{O}{\overset{\|}{C}}-OH \;+\; R'OH \;\overset{H^+}{\rightleftharpoons}\; R-\overset{O}{\overset{\|}{C}}-OR' \;+\; H_2O$$

Ester lassen sich auch aus Acylchloriden herstellen. Die bei der Reaktion frei werdende Salzsäure wird unter Reaktionsbedingungen durch eine Base (üblicherweise Pyridin) abgefangen.

$$R-\overset{\overset{\displaystyle O}{\|}}{C}-Cl \; + \; R'OH \quad \xrightarrow{\quad\text{Pyridin}\quad} \quad R-\overset{\overset{\displaystyle O}{\|}}{C}-OR' \; + \; HCl$$

▶ Amide

Amide sind ausgehend von Acylchloriden durch Reaktion mit einem Amin zugänglich. Allerdings müssen hier zwei Äquivalente des Amins eingesetzt werden, da ein Äquivalent dazu benötigt wird, die während der Reaktion gebildete Salzsäure abzufangen.

$$R-\overset{\overset{\displaystyle O}{\|}}{C}-Cl \; + \; 2\,R'NH_2 \quad \longrightarrow \quad R-\overset{\overset{\displaystyle O}{\|}}{C}-NHR' \; + \; R'NH_3^{\oplus}Cl^{\ominus}$$

▶ Säureanhydride

Säureanhydride sind durch Reaktion eines Acylchlorids mit einem Carboxylatanion, der konjugierten Base einer Carbonsäure, erhältlich:

$$R-\overset{\overset{\displaystyle O}{\|}}{C}-Cl \; + \; R'-\overset{\overset{\displaystyle O}{\|}}{C}-O^{\ominus}Na^{\oplus} \quad \longrightarrow \quad R-\overset{\overset{\displaystyle O}{\|}}{C}-O-\overset{\overset{\displaystyle O}{\|}}{C}-R' \; + \; NaCl$$

Außerdem können sie durch intermolekulare Dehydratisierung von Carbonsäuren im Sauren hergestellt werden:

$$2\;R-\overset{\overset{\displaystyle O}{\|}}{C}-OH \; + \; H^{\oplus} \quad \xrightarrow{\quad\Delta\quad} \quad R-\overset{\overset{\displaystyle O}{\|}}{C}-O-\overset{\overset{\displaystyle O}{\|}}{C}-R \; + \; H_3O^{\oplus}$$

▶ Nitrile

Nitrile werden durch Substitution (vom S_N2-Typ) eines Halogenalkans mit einem Cyanidion hergestellt:

$$R-Cl \; + \; Na^{\oplus\,\ominus}C\equiv N \quad \longrightarrow \quad R-C\equiv N \; + \; NaCl$$

44 Reaktivität von Carbonsäurederivaten

Worum es geht:
Acylchlorid, Ester, Amid, Säureanhydrid, Nitril, Verseifung, Veresterung

Ebenso wie die Carbonylgruppe in Carbonylverbindungen hat auch die Carbonylgruppe in Carbonsäurederivaten elektrophilen Charakter. Damit sind diese Verbindungen gegenüber Nucleophilen reaktiv. Die Reaktivität von Carbonsäurederivaten nimmt in folgender Reihenfolge zu:

$$\text{Amide} < \text{Ester} < \text{Säureanhydride} < \text{Acylchloride}$$

1. Hydrolyse von Carbonsäurederivaten

Durch Hydrolyse von Carbonsäurederivaten entstehen Carbonsäuren. Diese Hydrolyse kann sowohl unter sauren als auch basischen Bedingungen stattfinden.

Die basische Hydrolyse von Estern wird *Verseifung* genannt.

2. Addition von Alkoholen an Carbonsäurederivate

Die Addition von R'OH an Acylchloride bzw. Säureanhydride führt zur Bildung von Estern (Kapitel 43). Diese Umwandlung findet in Gegenwart eines Amins wie Pyridin statt:

3. Reduktion von Carbonsäurederivaten

▶ **Reduktion von Estern zu Alkoholen**

Ester reagieren mit dem starken Reduktionsmittel Lithiumaluminiumhydrid (LiAlH$_4$) und ergeben nach Hydrolyse die entsprechenden Alkohole:

$$\text{R-}\overset{\overset{\displaystyle O}{\|}}{\text{C}}\text{-OR'} \quad \xrightarrow[\text{2) H}_2\text{O}]{\text{1) LiAlH}_4} \quad \text{R-CH}_2\text{-OH}$$

▶ Reduktion von Amiden und Nitrilen zu Aminen

Amide und Nitrile reagieren ebenfalls mit LiAlH$_4$ und führen nach Hydrolyse zu den entsprechenden primären Aminen:

$$\begin{array}{c} \text{R-}\overset{\overset{\displaystyle O}{\|}}{\text{C}}\text{-NH}_2 \\[2mm] \text{R-C}\!\equiv\!\text{N} \end{array} \quad \xrightarrow[\text{2) H}_2\text{O}]{\text{1) LiAlH}_4} \quad \text{R-CH}_2\text{-NH}_2$$

4. Addition von Metallorganylen an Carbonsäurederivate

▶ Addition an Ester

Ester reagieren mit zwei Äquivalenten Grignard-Reagenz. Dabei entstehen tertiäre Alkohole:

$$\text{R-}\overset{\overset{\displaystyle O}{\|}}{\text{C}}\text{-OR'} + \text{R''MgBr} \longrightarrow \left[\text{R-}\overset{\overset{\displaystyle O}{\|}}{\text{C}}\text{-R''} \right] \xrightarrow[\text{2) H}_2\text{O}]{\text{1) R''MgBr}} \text{R-}\overset{\overset{\displaystyle OH}{|}}{\underset{\underset{\displaystyle R''}{|}}{\text{C}}}\text{-R''}$$

Das intermediär gebildete Keton ist reaktiver als der ursprünglich eingesetzte Ester und reagiert deshalb spontan mit einem zweiten Molekül des Magnesiumorganyls zum tertiären Alkohol ab.

▶ Addition an Nitrile

Nitrile reagieren mit Grignard-Reagenzien und liefern durch Hydrolyse des intermediär gebildeten Imins die entsprechenden Ketone.

$$\text{R-C}\!\equiv\!\text{N} + \text{R'MgBr} \longrightarrow \left[\text{R-}\overset{\overset{\displaystyle N^{\ominus}{}^{\oplus}\text{MgBr}}{\|}}{\text{C}}\text{-R'} \right] \xrightarrow{\text{H}_3\text{O}^+} \text{R-}\overset{\overset{\displaystyle O}{\|}}{\text{C}}\text{-R'}$$

Worum es geht:
Claisen-Kondensation, β-Ketoester, Dieckmann-Cyclisierung

Wie Aldehyde und Ketone reagieren auch Säurederivate an dem C-Atom, das sich in α-Stellung zur Carbonylgruppe der Carbonsäurefunktion befindet. Das Proton an diesem C-Atom ist acid. So wird bei den Estern beispielsweise die durch Deprotonierung entstehende konjugierte Base durch den mesomeren Akzeptoreffekt der –COOR'-Gruppe stabilisiert.

Das Verhalten der so gebildeten Esterenolate ähnelt dem der Enolate von Aldehyden oder Ketonen. Allerdings sind Esterenolate wegen des Vorhandenseins der –OR'-Gruppe weniger stabil als Aldehyd- und Ketonenolate. Das Proton am α-ständigen C-Atom des COOR' ist daher etwas weniger acid.

$$pK_a \; (RCH_2COR' \, / \, R\overset{\ominus}{C}HCOR') = 19\text{–}20$$

$$pK_a \; (RCH_2COOR' \, / \, R\overset{\ominus}{C}HCOOR') = 24\text{–}25$$

1. Claisen-Kondensation

Eine der Aldolreaktion ähnliche Reaktion ist die Kondensation von Estern (Claisen-Kondensation). Das durch Behandlung mit einer Base entstandene Esterenolat addiert sich dabei nucleophil an das C-Atom der Carbonylgruppe eines anderen Esters. Dabei entstehen β-Ketoester.

Bildung des Enolats:

Addition des Enolats an einen anderen Ester:

β-Ketoester

2. Dieckmann-Cyclisierung

Wenn diese Reaktion intramolekular abläuft, ist das Produkt eine cyclische Verbindung: Man spricht dann von einer Dieckmann-Cyclisierung. So führt die Umsetzung von Hexandisäurediethylester in Gegenwart einer Base wie Natriummethylat zu 2-Oxocyclopentan-1-carbonsäureethylester.

Mechanismus

Worum es geht:
β-Diketon, β-Ketoester, β-Dicarbonsäureester, Decarboxylierung, Malonestersynthese

Unter den Dicarbonylverbindungen (Verbindungen mit zwei Carbonylfunktionen) sind die 1,3-Dicarbonylderivate (β-Diketone, β-Ketoester, β-Dicarbonsäureester) besonders interessant.

β-Diketon   β-Ketoester   β-Dicarbonsäureester

Diese Verbindungen enthalten eine Methylengruppe ($-CH_2-$), die zwischen zwei elektronenanziehenden Carbonylgruppen liegt. Daher haben die H-Atome dieser Methylengruppe sauren Charakter. Die Bildung des Enolats verläuft in diesem Fall besonders leicht, da es mesomeriestabilisiert ist.

1. Alkylierung von 1,3-Dicarbonylverbindungen

Die Funktionalisierung des zwischen den zwei Carbonylfunktionen liegenden C-Atoms wird durch seine leichte Deprotonierung begünstigt. Das dabei gebildete Enolat reagiert:

▶ **mit einem Halogenalkan**

▶ **mit der Carbonylgruppe einer Carbonylverbindung**

▶ **in einer 1,4-Addition an ein Enon (Michael-Addition)**

2. Decarboxylierung von β-Ketosäuren und β-Dicarbonsäuren

Durch saure oder basische Hydrolyse (Verseifung) von β-Ketoestern oder β-Dicarbonsäureestern erhält man β-Ketosäuren bzw. β-Dicarbonsäuren, die beim Erhitzen decarboxyliert werden, d. h. sie geben ein Molekül Kohlenstoffdioxid (CO_2) ab. Diese Decarboxylierung verläuft nach folgendem Mechanismus über einen sechsgliedrigen Übergangszustand:

β-Ketosäure

β-Dicarbonsäure

Das durch die Abspaltung von CO_2 intermediär gebildete Enol tautomerisiert spontan zum entsprechenden Keton bzw. zur entsprechenden Carbonsäure.

3. Malonestersynthese

Die beiden eben erwähnten Reaktionen von β-Dicarbonsäureestern (Alkylierung und Decarboxylierung) lassen sich zur Verlängerung der Kohlenstoffkette eines Halogenalkans einsetzen. Man spricht von einer Homologisierung der Kohlenstoffkette.

Alkylierung des Malonsäurediethylesters

Verseifung des β-Dicarbonsäureesters

Decarboxylierung der β-Dicarbonsäure

Auf diese Weise wird das bromhaltige Derivat (RCH_2Br) in drei Schritten in eine Carbonsäure (RCH_2CH_2COOH) mit einer um zwei C-Atome verlängerten Kohlenstoffkette umgewandelt. Diese Methode wird *Malonestersynthese* genannt, da hierfür als Substrat ein Malonsäurediethylester ($EtOOC–CH_2–COOEt$) eingesetzt wird.

Worum es geht:
Polyfunktionelle Moleküle, Einführung/Abspaltung von Schutzgruppen

Polyfunktionelle Moleküle sind Verbindungen mit mehreren verschiedenen funktionellen Gruppen. Bei Transformationen dieser Verbindungen möchte man im Allgemeinen nur eine der im Molekül vorhandenen funktionellen Gruppen, und zwar unabhängig von den anderen, zur Reaktion bringen. Deswegen muss man die funktionellen Gruppen, die während der Umwandlung nicht reagieren dürfen, *schützen*, dann die gewünschte Reaktion an der ungeschützten Funktionalität durchführen und abschließend die *Schutzgruppen abspalten*.

Beispielsweise möchte man in der obigen schematischen Darstellung nur die funktionelle Gruppe A eines Moleküls umwandeln, das die beiden funktionellen Gruppen A und C enthält. Deshalb schützt man die funktionelle Gruppe C mit einer Schutzgruppe (C-SG), wandelt A in B um und spaltet danach die *Schutzgruppe* (SG) unter Freisetzung von C wieder ab. Durch Einführung einer SG gelingt es also, C vor einer chemischen Umwandlung zu schützen.

Eine gute Schutzgruppe muss folgende Eigenschaften aufweisen:

• Sie muss für eine funktionelle Gruppe spezifisch sein.
• Sie muss sich leicht und mit hoher chemischer Ausbeute einführen lassen.
• Sie muss sich auch leicht und mit hoher chemischer Ausbeute wieder abspalten lassen.

Schutzgruppen kennt man für alle in der Organischen Chemie bekannten funktionellen Gruppen. Hier werden wir allerdings nur einige klassische Arten von Schutzgruppen einiger wichtiger funktioneller Gruppen vorstellen.

1. Schutzgruppen von Alkoholen

Alkohole (ROH) lassen sich häufig als Ether (ROR') schützen. Um die Ethergruppe einzu-
führen, deprotoniert man den Alkohol mit einer starken Base wie Natriumhydrid und setzt das
gebildete Alkoholat (RONa) mit einem Halogenalkan um. Alkohole können als Benzylether
geschützt werden, indem man das entsprechende Alkoholat mit Benzylbromid (PhCH$_2$Br) zur
Reaktion bringt.

$$\sim\!\!\!\diagup\!\!\!\sim\!\!\text{OH} \; + \; \text{NaH} \longrightarrow \sim\!\!\!\diagup\!\!\!\sim\!\!\text{O}^{\ominus}\text{Na}^{\oplus} \xrightarrow{\text{PhCH}_2\text{Br}} \sim\!\!\!\diagup\!\!\!\sim\!\!\text{OCH}_2\text{Ph}$$

Die Abspaltung der Benzylether-Schutzgruppe gelingt durch Hydrierung mit Wasserstoff (H$_2$)
in Gegenwart von Palladium/Kohle. Dabei wird der Alkohol wieder freigesetzt; zusätzlich entsteht Toluol, das sich leicht entfernen lässt.

$$\sim\!\!\!\diagup\!\!\!\sim\!\!\text{OCH}_2\text{Ph} \; + \; \text{H}_2 \xrightarrow{\text{Pd / C}} \sim\!\!\!\diagup\!\!\!\sim\!\!\text{OH} \; + \; \text{PhCH}_3$$

Alkohole können auch durch Reaktion mit Dihydropyran (DHP) als Acetale geschützt werden.
Die Einführung der Schutzgruppe wird sauer katalysiert.

Die Abspaltung der Schutzgruppe gelingt durch saure Hydrolyse des Acetals.

Ferner können Alkohole auch als Silylether (ROSiR'$_3$) geschützt werden. Die Reaktion findet
mit Trimethylsilylchlorid in Gegenwart von Pyridin statt.

$$\diagdown\!\!=\!\!\diagup\!\!\!\sim\!\!\text{OH} \xrightarrow[\text{Pyridin}]{\text{Me}_3\text{SiCl}} \diagdown\!\!=\!\!\diagup\!\!\!\sim\!\!\text{OSiMe}_3$$

Die Abspaltung der Schutzgruppe erfolgt entweder im Sauren oder durch Behandlung mit Flu-
oridionen (z. B. Tetrabutylammoniumfluorid).

$$\diagdown\!\!=\!\!\diagup\!\!\!\sim\!\!\text{OSiMe}_3 \xrightarrow[\substack{\text{oder}\\\text{Bu}_4\text{NF}}]{\text{H}^+} \diagdown\!\!=\!\!\diagup\!\!\!\sim\!\!\text{OH}$$

2. Schutzgruppen von Diolen

Diole sind Verbindungen mit zwei Hydroxylgruppen (–OH). Sie können durch Reaktion mit
einem Keton, insbesondere Propanon, als Acetale geschützt werden. Die Einführung der
Schutzgruppe erfolgt unter saurer Katalyse.

Die Aufhebung des Schutzes gelingt durch saure Hydrolyse des Acetals.

3. Schutzgruppen von Aldehyden und Ketonen

Wie wir gesehen haben, kann man Diole durch Reaktion mit Propanon als Acetale schützen. Diese Methode lässt sich auch für den Schutz von Aldehyden und Ketonen nutzen. Die Einführung der Schutzgruppe erreicht man mithilfe von Ethylenglykol (1,2-Ethandiol; $HOCH_2CH_2OH$) im Sauren.

Die Aufhebung des Schutzes erfolgt durch saure Hydrolyse des Acetals.

4. Schutzgruppen von Aminen

Häufig werden Amine als Carbamate geschützt. Ein Carbamat enthält eine R–NH–C(=O)–OR'-Funktion.

Die Einführung der Schutzgruppe erfolgt durch Reaktion mit Benzylchloroformiat (Chlorameisensäurebenzylester), Fluorenylmethylchlorformiat oder Di-*tert*-butyldicarbonat. Auf diese Weise erhält man die Benzylcarbamate (RNHCbz), die Fluorenylmethylcarbamate (RNHFmoc) oder die *tert*-Butylcarbamate (RNHBoc).

Die Aufhebung des Schutzes gelingt je nach Schutzgruppe im ersten Fall durch Hydrierung, im zweiten durch Behandlung mit einem Amin, d. h. unter basischen Bedingungen und im dritten Fall durch saure Hydrolyse.

$$R-NH-\overset{\displaystyle O}{\underset{}{C}}-OCH_2Ph \quad \xrightarrow{\text{H}_2,\ \text{Pd/C}} \quad R-NH_2$$

$$RNH-\overset{\displaystyle O}{\underset{}{C}}-OCH_2 \cdots \quad \xrightarrow{\quad} \quad R-NH_2$$

$$RNH-\overset{\displaystyle O}{\underset{}{C}}-Ot\text{-Bu} \quad \xrightarrow{\text{H}_3\text{O}^+} \quad R-NH_2$$

48 Terpene

Worum es geht:
Isopren, Isopreneinheit, Terpenoid

1. Allgemeines und Eigenschaften

Terpene sind eine Gruppe von Lipiden, die in Pflanzen, Bakterien und Pilzen vorkommen und eine große strukturelle Vielfalt aufweisen. Sie unterscheiden sich im Hinblick auf

- ihre Größe
- die Art der beteiligten Atome (Kohlenwasserstoffe, stickstoff- oder sauerstoffhaltige Verbindungen) und
- ihre Struktur (cyclisch oder linear).

Wir kennen mehr als 22 000 verschiedene Terpene, die sich alle von demselben einfachen Molekül mit fünf C-Atomen ableiten: dem Isopren (2-Methyl-1,3-butadien; C_5H_8).

Isopren   Limonen   Farnesol

Terpene sind u. a. für den Wohlgeruch von Pflanzen verantwortlich, der auf die Freisetzung von sehr leicht flüchtigen Molekülen mit 10, 15 oder 20 C-Atomen zurückzuführen ist.

Terpene der allgemeinen Summenformel $(C_{10}H_{16})_n$ entstehen biosynthetisch durch Verknüpfung von mindestens zwei Isopreneinheiten. Nach der Anzahl ihrer C-Atome teilt man sie in verschiedene Gruppen ein:

- C_{10}: **Monoterpene** (2 Isopreneinheiten wie in Limonen)
- C_{15}: **Sesquiterpene** (3 Isopreneinheiten wie in Farnesol)
- C_{20}: **Diterpene** (4 Isopreneinheiten)
- C_{30}: **Triterpene** (6 Isopreneinheiten)
- C_{40}: **Tetraterpene** (8 Isopreneinheiten)

Taxol

Der Name „Terpen" leitet sich zum einen von Terpentin, dem Oberbegriff für aromatische Baumharze, ab, zum anderen erinnert die Endung „en" daran, dass es sich hier um ungesättigte Verbindungen handelt.

Viele Terpene haben einen aromatischen Geruch, was die Aufmerksamkeit der Aromaindustrie geweckt hat, andere besitzen interessante pharmakologische Eigenschaften. So gilt etwa das komplexe Diterpen Taxol als potentes Krebsmedikament.

2. Monoterpene und Sesquiterpene

Mono- und Sesquiterpene sind Bestandteile etherischer Öle und aufgrund ihrer niedrigen molaren Massen besonders leicht flüchtig. Die wichtigsten Terpenoide in etherischen Ölen sind flüchtig und für den charakteristischen Geruch bestimmter Pflanzen verantwortlich.

Terpenoide sind eine den Terpenen verwandte Gruppe von Substanzen. Sie besitzen zwar ein Terpengerüst, müssen aber nicht unbedingt denselben Grad an Ungesättigtheit aufweisen wie die Terpene und können eine oder mehrere funktionelle Gruppen besitzen.

a) Monoterpene

Bei den Monoterpenen unterscheidet man vier Gruppen: acyclische (Nerol), monocyclische (Limonen), bicyclische (*α*- und *β*-Pinen) und tricyclische. Monoterpene können einfach ungesättigte Kohlenwasserstoffe sein (Limonen) oder funktionelle Gruppen enthalten. So kennt man Alkohole (Menthol), Aldehyde oder Ketone (Campher).

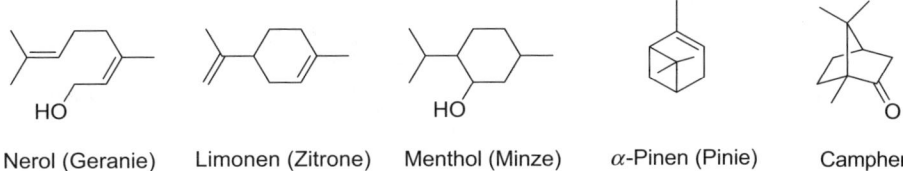

Nerol (Geranie)   Limonen (Zitrone)   Menthol (Minze)   *α*-Pinen (Pinie)   Campher

b) Sesquiterpene

Bei den Sesquiterpenen gibt es verschiedene Kohlenstoffgerüste. Sie sind entweder acyclisch, monocyclisch oder bicyclisch. Beispiele sind das acyclische Farnesol, ein Duftstoff mit antibakterieller Wirkung, oder das bicyclische Cadinen, als *α*-Cadinen ein natürlicher, hauptsächlich im Wacholder enthaltener und als *β*-Cadinen ein im Pfeffer vorkommender Aromastoff.

Farnesol   *α*-Cadinen

3. Diterpene

Diterpene sind eine Gruppe von chemisch heterogenen Verbindungen, die alle ein C_{20}-Kohlenstoffgerüst haben, das aus vier Isopreneinheiten aufgebaut ist. Sie sind weniger flüchtig als Mono- und Sesquiterpene. Zu dieser Gruppe gehören das in Chlorophyll enthaltene Phytol sowie Retinol (Vitamin A_1).

Phytol   Retinol (Vitamin A_1)

Vitamin A entsteht durch Spaltung des Tetraterpens Carotin.

4. Triterpene

Triterpene (C_{30}) haben ein relativ komplexes, aus sechs Isopreneinheiten bestehendes Kohlenstoffgerüst. Triterpenoide lassen sich in verschiedene Verbindungsklassen einteilen, darunter die Steroide (Kapitel 49).

Das Triterpen Squalen ist vornehmlich im Tierreich anzutreffen, findet sich aber auch in pflanzlichen Ölen (Olive, Leinen, Erdnuss).

Squalen

Squalen (oben in der linearen und unten in der gefalteten Form) ist der Vorläufer von Lanosterol, dem Wollfett des Schafs.

Squalen   Lanosterol   Steroide

Lanosterol wird in Cholesterin umgewandelt, worin die enge Verknüpfung zwischen Terpenen und Steroiden zum Ausdruck kommt.

5. Tetraterpene

Zu den Tetraterpenen mit einem aus acht Isopreneinheiten aufgebauten C_{40}-Gerüst gehören die Carotinoide; das sind gelbe Pigmente, die in Tieren und Pflanzen weit verbreitet sind und charakteristische Eigenschaften besitzen.

β-Carotin enthält elf konjugierte Doppelbindungen, die der Karotte ihre typische Farbe verleihen. Es ist essenziell für Wachstum und Sehvermögen; durch Oxidation kommt es unter Spaltung der zentralen Doppelbindung zur Bildung von zwei Molekülen Retinal, einem Aldehyd, dessen Reduktion das Vitamin A liefert.

β-Karotin

Retinal   Vitamin A$_1$

6. Polyterpene

Polyterpene sind Makromoleküle, die aus einer großen Anzahl von Isopreneinheiten aufgebaut sind. Im Pflanzenreich findet man Kautschuk mit einem Molekulargewicht von ca. 150 000 und Guttapercha mit einem Molekulargewicht von ca. 100 000.

Naturkautschuk ist ein Isoprenpolymer. Er wird aus dem geronnenen Saft des Kautschukbaums durch Erhitzen hergestellt. Alle seine Doppelbindungen sind Z-konfiguriert, und jedes Molekül enthält 1 000 bis 5 000 Isopreneinheiten. Das Isomer, bei dem alle Doppelbindungen E-konfiguriert sind, ist Guttapercha, ein hartes und sprödes Material.

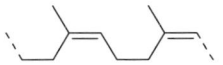

Kautschuk

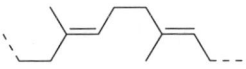

Guttapercha

49 Steroide

Worum es geht:
Cyclopentaphenanthren-Gerüst, α- und β-Stellung, Cholesterin, Steroidhormon, Nebennierenrindenhormon

1. Allgemeine Eigenschaften

Die zu den Lipiden gehörenden Steroide leiten sich von den aus 30 C-Atomen bestehenden Triterpenoiden ab. Sie sind im Tier- und Pflanzenreich weit verbreitet und haben als gemeinsame chemische Struktur ein tetracyclisches Cyclopentaphenantren-Gerüst (Achtung: spezielle IUPAC-Nomenklatur).

Cyclopentaphenanthren-Gerüst

Häufig enthalten Steroide Methylgruppen an C-10 und C-13 und oft auch eine Alkylgruppe an C-17. Sterole besitzen eine Hydroxylgruppe an C-3.

Durch die Bezeichnung α (unten) bzw. β (oben) wird die Position eines Substituenten unterhalb bzw. oberhalb der Ebene des hier räumlich dargestellten Moleküls angezeigt (s. Schema oben).

Steroide weisen eine große funktionelle Vielfalt auf und sind an zahlreichen biologischen Vorgängen beteiligt.

2. Cholesterin

Cholesterin ist das älteste bekannte Steroid. Es wurde bereits im 18. Jahrhundert aus Gallensteinen isoliert; seine allgemeine Struktur wurde 1888 und seine vollständige Struktur 1955 aufgeklärt. Es enthält acht asymmetrisch substituierte C-Atome, aber von den 256 möglichen Isomeren kommt in der Natur nur ein einziges vor.

Cholesterin

Cholsäure

Cholesterin ist eines der am weitesten verbreiteten Steroide. Es kommt – entweder in freier Form oder in Form von Fettsäureester – in allen Nervengeweben von Säugern vor. Es ist ein Vorläufer der Cholsäure (Gallensäure) und der Steroidhormone. Cholesterin lagert sich an den

Wänden von Arterien ab und begünstigt so die Entstehung von Herz-Kreislauf-Erkrankungen wie z. B. Arteriosklerose.

3. Steroidhormone

Hormone sind Moleküle, die von endokrinen Drüsen in das Blut abgegeben werden und für die Informationsübertragung an ein Rezeptororgan verantwortlich sind. Sie gehören so unterschiedlichen Verbindungsklassen wie den Aminosäuren, den Polypeptiden oder den Steroiden an. Steroide sind Sexualhormone wie Estradiol (weibliches Hormon) und Testosteron (männliches Hormon), die Gewebewachstum, Entwicklung und Reproduktion kontrollieren.

Estradiol   Testosteron   Progesteron

Andere Hormone werden in den Nebennieren gebildet (sog. Nebennierenrindenhormone). Das wichtigste davon ist Cortison, das als Entzündungshemmer Anwendung findet.

Cortisol   Cortison

Diese Hormone regulieren verschiedene physiologische Funktionen wie den Glucosestoffwechsel und hemmen entzündliche Prozesse.

50 Alkaloide

Worum es geht:
Sekundärmetabolit

Wie die Terpene stellen auch die Alkaloide eine große Klasse von natürlichen Verbindungen mit sehr vielfältigen Strukturen dar. Alle Alkaloide sind organische stickstoffhaltige Heterocyclen natürlichen Ursprungs mit einem der nachstehenden Gerüste:

 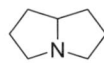 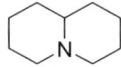 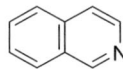 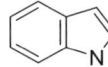

Alkaloide weisen folgende Charakteristika auf:

- Sie enthalten mindestens eine heterocyclische basische Aminogruppe.
- Sie sind Sekundärmetaboliten (d. h. für das Überleben der Zelle oder des Organismus nicht unbedingt erforderlich).
- Sie leiten sich von Aminosäuren ab.
- Sie sind pharmakologisch aktiv.

Nicht zu den Alkaloiden zählt man einfache acyclische Amine.

Merke: Im Gegensatz zu Sekundärmetaboliten sind Primärmetaboliten aufgrund ihrer Funktion für das Überleben der Zelle und des Organismus lebensnotwendig. Dies trifft auf Kohlenhydrate und Lipide zu, die als Energiequelle dienen und für den Aufbau der Zellwand benötigt werden, aber auch für Aminosäuren, die als primäre Quelle für den Aufbau von Proteinen dienen.

Gegenwärtig kennt man die Struktur von etwa 16 000 Alkaloiden. Alkaloide kommen in rund 20 % aller Pflanzen vor.

Die meisten Alkaloide sind biologisch aktiv und bilden daher die Grundlage zahlreicher Medikamente.

Pflanzen nutzen diese toxischen Verbindungen zur Verteidigung gegen Pflanzenschädlinge und Krankheitserreger.

Man findet Alkaloide vor allem in Pflanzen und Pilzen sowie bei einigen wenigen Tierarten. Sie können Salze bilden und schmecken bitter.

Obwohl viele Alkaloide toxisch sind (wie z. B. das aus der Brechnuss isolierte Strychnin, dessen letale Dosis 0,2 mg/kg Körpergewicht beträgt), wird eine Reihe von ihnen (etwa Morphin oder Codein) wegen ihrer schmerzlindernden (analgetischen) Eigenschaften therapeutisch genutzt.

Strychnin   Morphin   Codein

Die Mehrzahl der Alkaloide leitet sich von Aminosäuren wie Tryptophan, Ornithin, Lysin und Tyrosin ab (Kapitel 54). Diese Aminosäuren werden zu Aminen decarboxyliert, die mit anderen Kohlenstoffgerüsten verknüpft werden.

Die folgende Tabelle enthält einige Klassen von Alkaloiden sowie ihre Vorläufer, die entsprechenden Aminosäuren.

Klasse	Struktur	Vorläufer	Beispiel
Pyrrolidin		Ornithin	Nicotin
Pyrrolizidin		Ornithin	Retrorsin
Chinolizidin		Lysin	Lupinin
Isochinolin		Tyrosin	Codein, Morphin
Indol		Tryptophan	Strychnin

Nicotin ist ein Alkaloid, das in hoher Konzentration in Tabakblättern enthalten ist (bis zu 5 % des Trockengewichts der Pflanze). Es wurde 1809 von Louis-Nicolas Vauquelin isoliert, der als Professor der Chemie an der Pariser École de Médecine lehrte.

Nicotin

Wie die Mehrzahl der auf das Gehirn wirkenden Substanzen ist auch das Nicotin ein Nervengift (schädliche Wirkung auf das Nervensystem). In geringer Konzentration führt es zur Stimulation des Nervensystems, in hoher Konzentration wirkt es schädlich.

Coffein ist eine in zahlreichen Lebensmitteln wie Kaffeebohnen, Tee, Kakao, Kolanuss etc. vorkommende Verbindung. Es ist für seine das zentrale Nervensystem und das Herz-Kreislauf-System stimulierenden Eigenschaften bekannt.

Coffein

Worum es geht:
Polyhydroxycarbonylverbindungen, Mutarotation, cyclisches Halbacetal, Aldose, Ketose, Anomere, D- und L-Reihe

Die Grundeinheit des Lebens ist die Zelle. Sie ist aus Molekülen wie Proteinen, Nucleinsäuren oder Lipiden aufgebaut. Die Zucker gehören zu den wichtigen Gruppen der Moleküle des Lebens. Ein bekanntes Beispiel ist die Saccharose, die wir zum Süßen verwenden.

1. Definition

Zucker, deren chemische Namen auf *-ose* enden, sind polyfunktionelle Moleküle mit mehreren Alkoholfunktionen und einer Carbonylfunktion. Wenn es sich dabei um einen Aldehyd handelt, dann nennt man den Zucker eine Aldose, beim Vorliegen eines Ketons heißt er Ketose. Das Molekül liegt hauptsächlich in Form seines cyclischen Halbacetals vor, das durch Angriff einer der Alkoholfunktionen auf die Carbonylfunktion entsteht. Ist das Halbacetal ein Fünfring, sprechen wir von einer Furanose, bei einem Sechsring liegt eine Pyranose vor. In Lösung befinden sich die cyclische und die lineare Form im Gleichgewicht. Unter bestimmten Bedingungen kann die Pyranose (X = H) (oder die Furanose) mit einem Alkoholmolekül unter Bildung einer Acetalfunktion reagieren. Dabei entsteht ein Pyranosid X = R (bzw. ein Furanosid).

X = H Pyranose
= R Pyranosid

X = H Furanose
= R Furanosid

In der Natur kommen Moleküle vor, bei denen eine oder mehrere OH-Gruppen durch Amine oder Amide (NH–CO–CH$_3$) ersetzt sind oder fehlen (Desoxyverbindungen).

2. Mutarotation

Bei optisch aktiven Zuckern ist eine Änderung ihres spezifischen Drehwerts zu beobachten, wenn sie in Wasser gelöst werden. Diese Änderung des spezifischen Drehwerts beruht auf einer Gleichgewichtseinstellung zwischen zwei Diastereoisomeren des Zuckers, die man **Anomere** nennt. Wenn in der D-Reihe die OH-Gruppe am anomeren Zentrum axial angeordnet ist, hat man es mit dem α-Anomer zu tun, während sie beim β-Anomer die äquatoriale Stellung einnimmt. Allgemein gilt: Es handelt sich um das α-Anomer, wenn sich die anomere OH-Gruppe in *anti*-Stellung zum Substituenten an C-5 (Pyranose-Reihe) bzw. C-4 (Furanose-Reihe) befindet.

α-D-Glucopyranose (36 %)
$[\alpha]_D$ = + 112,2

β-D-Glucopyranose (64 %)
$[\alpha]_D$ = +18,7

3. Stereochemie

Die offenkettigen Zucker werden häufig in der Fischer-Projektion dargestellt. Bei der Fischer-Projektion spricht man von einem Zucker der *D-Reihe*, wenn die OH-Gruppe des letzten asymmetrisch substituierten C-Atoms nach rechts angeordnet ist, und von einem Zucker der *L-Reihe*, wenn sie nach links zeigt.

Zucker besitzen mindestens ein asymmetrisch substituiertes C-Atom, sodass es ab zwei Chiralitätszentren mehrere Diastereoisomere gibt. Die relativen Konfigurationen der verschiedenen Zucker werden nachstehend am Beispiel der D-Reihe dargestellt:

H———OH

glycero

H———OH
H———OH
erythro

HO———H
H———OH
threo

H———OH
H———OH
H———OH
ribo

HO———H
H———OH
H———OH
arabino

H———OH
HO———H
H———OH
xylo

HO———H
HO———H
H———OH
lyxo

H———OH   HO———H
H———OH   H———OH
H———OH   H———OH
H———OH   H———OH
allo   *altro*

H———OH   HO———H
HO———H   HO———H
H———OH   H———OH
H———OH   H———OH
gluco   *manno*

H———OH   HO———H
H———OH   H———OH
HO———H   HO———H
H———OH   H———OH
gulo   *ido*

H———OH   HO———H
HO———H   HO———H
HO———H   HO———H
H———OH   H———OH
galacto *talo*

4. Einige Zucker

Hier die Struktur einiger Zucker:

- Beispiel für Furanosen: die D-Ribose und die an C-2 desoxygenierte 2-Desoxyribose. Diese beiden Zucker bilden das Grundgerüst der Nucleinsäuren RNA bzw. DNA.
- Beispiel für Pyranosen: die Glucose (Energiespeicher) und die Galactose, das C-4-Epimer der Glucose. (Epimere sind Diastereomerenpaare, die sich nur in der Konfiguration eines C-Atoms unterscheiden).

D-2-Desoxyribose (DNA)

D-Ribose (RNA)

D-Glucose

D-Galactose

> **Worum es geht:**
> Halbacetal, Acetal, Glykosid, Aminierung, Reduktion, reduzierender Zucker

In der Natur liegen Zucker meist nicht monomer vor, sondern sind im Allgemeinen mit anderen Zuckern zu Oligosacchariden oder sogar Polymeren (Polysacchariden) verknüpft. Sie können auch an Lipide (Glykolipide) oder andere Moleküle (Glykosteroide, Glykoflavonoide usw.) gebunden sein.

1. Glykosylierung

Bei einer Glykopyranose mit fünf OH-Gruppen verhalten sich nicht alle wie alkoholische OH-Gruppen. Wie wir in Kapitel 51 gesehen haben, entsteht die Glucopyranose in einer Cyclisierung durch Angriff einer OH-Gruppe auf die Aldehydfunktion. Folglich handelt es sich bei C-1 um einen halbacetalischen Kohlenstoff (Halbacetalfunktion), was ihm eine spezielle Reaktivität verleiht. So kennt man beispielsweise die Addition eines Alkohols an das anomere C-1 unter Abspaltung eines Moleküls Wasser:

Glucopyranose   Glucopyranosid

Im Gegensatz dazu gehen die anderen OH-Gruppen der Glykopyranose all diejenigen Reaktionen ein, die wir für Alkohole kennengelernt haben. Bei Umwandlungen mit einem Monosaccharid schützt man die Alkoholfunktionen, damit man eine Reaktion an der Acetal- bzw. Halbacetalfunktion durchführen kann. So lässt sich beispielsweise das Monosaccharid durch Acetylierung in das Tetraacetat überführen oder durch Williamson-Reaktion methylieren (Kapitel 36):

2. Oxidation

Die Halbacetalform eines Monosaccharids ist ein *reduzierender Zucker*. Diese Zucker lassen sich durch Oxidationsmittel oxidieren und ergeben dabei die entsprechenden Carbonsäuren (Aldonsäuren):

Glucopyranose
reduzierender Zucker

Oxidationsmittel

Gluconsäure

Glucopyranosid
nichtreduzierender Zucker

Oxidationsmittel

Glucarsäure

3. Aminierung

Einige Zucker tragen anstelle von OH-Gruppen Amino- oder Amidfunktionen. Sie spielen eine wichtige Rolle in den Zuckeranteilen von Glykoproteinen. Das Tn-Antigen beispielsweise ist ein Tumormarker, das Galactosamin enthält, welches glykosidisch mit einem Serin verknüpft ist.

N-Acetyl-Galactosamin   Serin
(Tn-Antigen)

4. Desoxygenierung

Es gibt auch reduzierte Zucker, bei denen ein C-Atom keine OH-Gruppe trägt. Diese Zucker werden als Desoxyzucker bezeichnet. Das bekannteste Beispiel ist die 2-Desoxyribose, die ein Bestandteil der Nucleinsäuren (DNA) ist:

D-2-Desoxyribose

53 Polysaccharide

Worum es geht:
Cellulose, Glykogen, Antigendeterminante

Polysaccharide sind natürliche Polymere mit unterschiedlichen biologischen Funktionen im Pflanzen- und Tierreich. Sie sind an so verschiedenen Prozessen wie der Kommunikation, der zellulären Differenzierung, der Entzündung u. v. m. beteiligt.

1. Oligosaccharide

Disaccharide erhält man durch Glykosylierung, wenn der reagierende Alkohol aus einem anderen Zucker stammt. Disaccharide lassen sich durch die Konfiguration der beiden Monosaccharide, die Konfiguration an den anomeren C-Atomen (α bzw. β) sowie die Position der an der Glykosylierung beteiligten OH-Gruppe vollständig beschreiben.

Lactose ist ein in Milch vorkommendes Disaccharid (Galactose-Glucose). Milchunverträglichkeiten sind auf das Vorhandensein von Lactose bzw. das Fehlen des Enzyms Lactase zurückzuführen, das den Abbau von Lactose ermöglicht.

Cyclodextrine sind eine Gruppe von cyclischen Oligosacchariden, die aus sechs, sieben oder acht Monosacchariden aufgebaut sind. Das Besondere an ihnen ist, dass sie kleine Moleküle in ihrem hydrophoben Innenraum einschließen können. In der Lebensmittelindustrie werden sie zur Geschmacksverstärkung eingesetzt.

2. Natürliche Polysaccharide

Amylose ist ein Bestandteil der Stärke, dem Glucosespeicher von Pflanzen. Es entspricht dem Glykogen im Tierreich.

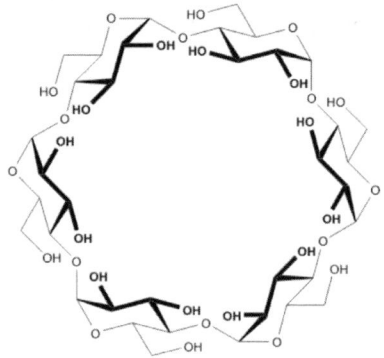

Cellulose ist ein Glucosepolymer pflanzlichen Ursprungs. Man findet sie in Leinen, Hanf und Baumwolle. Verschiedene industrielle Anwendungen nutzen die Cellulose, z. B. als Kolloid in Shampoo.

Stärke und Cellulose gehören zur Familie der Glucane, Polymeren der Glucose. Daneben gibt es auch Polymere der Galactose, die Galactane. Ein Beispiel hierfür sind die **Carrageene**, die aus Algen gewonnen werden und in der Lebensmittelindustrie als Geliermittel Anwendung finden.

R = H   μ-Carrageen

R = SO$_3^{\ominus}$ ν-Carrageen

3. Blutgruppendeterminanten

Die Blutgruppen- bzw. Antigendeterminanten sind Tetrasaccharide, die sich auf der Oberfläche von Blutzellen (roten Blutkörperchen) befinden. Ihre Struktur ist für jedes Individuum einzigartig. Man teilt sie in die drei Kategorien A, B und 0 ein. Sie haben folgende Struktur:

X = H Gruppe 0

Y = OH Gruppe B
Y = NHAc Gruppe A

Bei der Struktur der Gruppe 0 (Null) haben wir es mit einem Trisaccharid zu tun, das die Grundstruktur der Blutgruppendeterminanten darstellt. Ist die Gruppe X ein Galactosamin, dann handelt es sich um die Determinante der Blutgruppe A, ist sie eine Galactose, dann handelt es sich um die Determinante der Blutgruppe B.

4. Glykosaminglykane

Glykosaminglykane bestehen aus linearen Ketten, die als Grundstruktur aus sich wiederholenden Disacchariden zusammengesetzt sind. Sie enthalten immer ein Hexosamin [ein Glucosamin (GlcNAc) oder ein Galactosamin (GalNAc)] sowie einen anderen Zucker [Glucuronsäure (GlcA), Iduronsäure (IdoA) oder Galactose (Gal)]. Hyaluronsäure kommt in der Synovialflüssigkeit (Gelenkschmiere) vor und trägt zur Elastizität und Viskosität von Knorpel bei.

Worum es geht:
α-Aminosäure, Seitenkette, Fischer-Projektion, L-Reihe

1. Definition

Aminosäuren sind, wie ihr Name schon sagt, Verbindungen, die sowohl eine Carbonsäure- als auch eine Aminofunktion enthalten. Sie sind die Grundbausteine von Peptiden und Proteinen. Befinden sich die Carbonsäure- und die Aminofunktion am selben C-Atom, spricht man von einer α-Aminosäure. Die allgemeine Formel einer α-Aminosäure lautet:

$$R-\underset{\underset{NH_2}{|}}{CH}-COOH$$

wobei R = **Seitenkette** der Aminosäure.

2. Natürlich vorkommende Aminosäuren

Es gibt zwanzig essenzielle Aminosäuren, die in Proteinen vorkommen:

Name	Abkürzungen		Seitenkette R
Alanin	Ala	A	CH_3-
Arginin	Arg	R	$H_2N-C(=NH)-CH_2-CH_2-CH_2-$
Asparagin	Asn	N	$H_2N-C(=O)-CH_2-$
Asparaginsäure	Asp	D	$HOOC-CH_2-$
Cystein	Cys	C	$HS-CH_2-$
Glutamin	Gln	Q	$H_2N-C(=O)-CH_2-CH_2-$
Glutaminsäure	Glu	E	$HOOC-CH_2-CH_2-$
Glycin	Gly	G	H
Histidin	His	H	
Isoleucin	Ile	I	$CH_3-CH_2-CH(CH_3)-$
Leucin	Leu	L	$(CH_3)_2CH-CH_2-$
Lysin	Lys	K	$H_2N-CH_2-CH_2-CH_2-CH_2-$
Methionin	Met	M	$CH_3-S-CH_2-CH_2-$
Phenylalanin	Phe	F	$C_6H_5-CH_2-$
Serin	Ser	S	$HO-CH_2-$
Threonin	Thr	T	$CH_3-CH(OH)-$
Tryptophan	Trp	W	
Tyrosin	Tyr	Y	$HO-C_6H_4-CH_2-$
Valin	Val	V	$(CH_3)_2CH-$

Die 20. Aminosäure ist Prolin (Pro, P). Es ist die einzige Aminosäure mit einer sekundären Aminofunktion.

$$\text{Prolin}$$

Bis auf Glycin haben alle Aminosäuren ein asymmetrisch substituiertes C-Atom. Sie kommen daher in zwei enantiomeren Formen vor, von denen aber nur eine proteinogen ist. In natürlichen Proteinen gehören alle Aminosäuren der L-Reihe an, d. h. in der Fischer-Projektion steht die NH_2-Gruppe auf der linken Seite.

$$H_2N \underset{R}{\overset{COOH}{\rule{0pt}{0pt}\!\!-\!\!\rule{0pt}{0pt}}} H$$

Worum es geht:
Zwitterion, isoelektrischer Punkt

Da die Aminosäuren gleichzeitig eine saure (–COOH) und eine basische (–NH_2) funktionelle Gruppe enthalten, kommen sie in wässriger Lösung in einer dipolar ionischen Form vor, die als *Zwitterion* bezeichnet wird.

$$R-\overset{\underset{|}{NH_3^{\oplus}}}{CH}-COO^{\ominus}$$

In Abhängigkeit vom pH-Wert der Lösung liegen Aminosäuren in verschiedenen Formen vor: kationisch, insgesamt ungeladen (Zwitterion) oder anionisch.

Es lassen sich die beiden folgenden Säure-Basen-Gleichgewichte formulieren:

$$R-\overset{\underset{|}{NH_3^{\oplus}}}{CH}-COOH \rightleftharpoons R-\overset{\underset{|}{NH_3^{\oplus}}}{CH}-COO^{\ominus} + H^{\oplus}$$

$$R-\overset{\underset{|}{NH_3^{\oplus}}}{CH}-COO^{\ominus} \rightleftharpoons R-\overset{\underset{|}{NH_2}}{CH}-COO^{\ominus} + H^{\oplus}$$

Definition

Den pH-Wert, bei dem die Aminosäure als Zwitterion vorliegt, nennt man den *isoelektrischen pH* oder den *isoelektrischen Punkt* (**pH$_i$** oder **pI**). Bei Aminosäuren mit einer neutralen Seitenkette ergibt sich dieser Wert als Mittelwert der pK$_a$-Werte der Carbonsäure- und der Aminofunktion.

Bei Aminosäuren mit saurer Seitenkette entspricht der **pH$_i$** dem Mittelwert der zwei niedrigsten pK$_a$-Werte.

Bei Aminosäuren mit basischer Seitenkette entspricht der **pH$_i$** dem Mittelwert der beiden höchsten pK$_a$-Werte.

▶ **Beispiel: Vorwiegend vorliegende Formen des Lysins in Abhängigkeit vom pH-Wert**

Der isoelektrische pH errechnet sich als Mittelwert der beiden höchsten pK$_a$-Werte:

$$pH_i = \frac{9+10,5}{2} = 9,8$$

Aminosäure	pK$_a$ (Säure)	pK$_a$ (Amin)	pK$_a$ (R)	pH$_i$
Ala	2,3	9,7	–	6,0
Arg	2,2	9,0	12,5	10,8
Asn	2,0	8,8	–	5,4
Asp	2,1	9,8	3,9	3,0
Cys	1,7	10,8	8,3	5,0
Gln	2,2	9,1	–	5,7
Glu	2,2	9,7	6,0	7,6
Gly	2,3	9,6	–	6,0
His	1,8	9,2	6,0	7,6
Ile	2,4	9,7	–	6,1
Leu	2,4	9,6	–	6,0
Lys	2,2	9,0	10,5	9,8
Met	2,3	9,2	–	5,8
Phe	1,8	9,1	–	5,5
Pro	2,0	10,6	–	6,3
Ser	2,2	9,2	–	5,7
Thr	2,6	10,4	–	6,5
Trp	2,4	9,4	–	5,9
Tyr	2,2	9,1	10,1	5,7
Val	2,3	9,6	–	6,0

Zusammenfassend teilt man die natürlichen Aminosäuren in folgende Gruppen ein:

▶ **Neutrale Aminosäuren: Ala, Asn, Cys, Gln, Gly, Ile, Leu, Met, Phe, Pro, Ser, Thr, Trp, Tyr, Val**

▶ **Saure Aminosäuren: Asp, Glu**

▶ **Basische Aminosäuren: Arg, His, Lys**

56 Peptide und Proteine

Worum es geht:
Peptidbindung, *C*-terminale Aminosäure, *N*-terminale Aminosäure, Peptidsynthese, Primär-, Sekundär-, Tertiär-, Quartärstruktur

1. Definitionen

Peptide entstehen durch die Verknüpfung von Aminosäuren über Amidbindungen, die zwischen der Aminofunktion einer Aminosäure und der Carbonsäurefunktion einer anderen Aminosäure ausgebildet werden. Eine solche Verknüpfung nennt man *Peptidbindung*.

Peptidbindungen

Ein Peptid, das aus zwei Aminosäuren besteht, ist ein *Dipeptid*; ist es aus drei Aminosäuren zusammengesetzt, spricht man von einem *Tripeptid* usw. Ein *Polypeptid* ist ein aus vielen Aminosäuren aufgebautes Peptid. Ein *Protein* ist ein natürliches Polypeptid.

2. Schreibweise von Peptiden und Peptidsynthese

Um die Struktur eines Peptids zu beschreiben, beginnt man immer mit der Angabe der *N*-terminalen Aminosäure, daran schließen sich die anderen Aminosäuren in ihrer Reihenfolge an, und man endet mit der *C*-terminalen Aminosäure. Diese Schreibweise wird hier am Beispiel des Oktapeptids Angiotensin II gezeigt:

$$\text{Asp-Arg-Val-Tyr-Ile-His-Pro-Phe (oder NRVYIHPF)}$$

Dabei ist Asparaginsäure die *N*-terminale Aminosäure (d. h. die Aminosäure mit der freien Aminofunktion) und Phenylalanin die *C*-terminale Aminosäure (d. h. die Aminosäure mit der freien Carbonsäurefunktion).

Will man ein Peptid synthetisch aufbauen, geht man so vor, dass man die Aminosäuren in der gewünschten Reihenfolge miteinander verknüpft. Dies geschieht unter Bildung von Amidbindungen zwischen der Aminofunktion ($-NH_2$) der einen und der Carbonsäurefunktion ($-COOH$) einer anderen Aminosäure. Dieses Vorgehen bezeichnet man als *Peptidsynthese*. Dazu muss man vor der Verknüpfung jeweils die $-NH_2$- und die $-COOH$-Funktion schützen, die nicht miteinander reagieren dürfen (Kapitel 47).

Um also zum Dipeptid Ala-Phe zu gelangen, muss man die NH_2-Funktion von Ala und die COOH-Gruppe von Phe schützen und anschließend die beiden noch freien funktionellen Gruppen kuppeln. Diese Kupplung wird üblicherweise in Gegenwart des Kupplungsreagenzes Dicyclohexylcarbodiimid (DCC) durchgeführt. Nach der Kupplung werden die *N*- und die *C*-terminale funktionelle Gruppe entschützt.

Schutz der Aminofunktion von Ala:

$$H_2N-CH-COOH \ + \ Boc_2O \ \longrightarrow \ BocHN-CH-COOH \quad (Boc\text{-}Ala)$$
$$\quad\quad\;\; | \quad\quad\quad\quad\quad\quad\quad\quad\quad\quad\;\;\; |$$
$$\quad\quad\;\; CH_3 \quad\quad\quad\quad\quad\quad\quad\quad\quad\quad\;\;\; CH_3$$

Schutz der Carbonsäurefunktion von Phe:

$$H_2N-CH-COOH \ + \ PhCH_2OH \ \longrightarrow \ H_2N-CH-COOCH_2Ph \quad (Phe\text{-}OCH_2Ph)$$
$$\quad\quad\;\; | \quad\quad\quad\quad\quad\quad\quad\quad\quad\quad\quad\;\; |$$
$$\quad\quad\;\; CH_2Ph \quad\quad\quad\quad\quad\quad\quad\quad\quad\quad\;\; CH_2Ph$$

Kupplung mittels DCC:

$$\text{Boc-Ala} \ + \ \text{Phe-OCH}_2\text{Ph} \ \xrightarrow{\ DCC\ } \ \text{Boc-Ala-Phe-OCH}_2\text{Ph} \qquad DCC: \ \bigcirc\!\!-N{=}C{=}N-\!\!\bigcirc$$

Aufhebung des Schutzes:

$$\text{Boc-Ala-Phe-OCH}_2\text{Ph} \ \xrightarrow[\ 2)\ H_3O^+\ ]{\ 1)\ H_2,\ Pd\ /\ C\ } \ \text{Ala-Phe}$$

Will man dagegen das Dipeptid Phe-Ala synthetisieren, so muss man vor der Durchführung der Peptidkupplung die NH_2-Funktion von Phe und die COOH-Gruppe von Ala schützen.

3. Struktur von Proteinen

Proteine sind Makromoleküle. Bei ihrer Beschreibung unterscheidet man vier Strukturebenen.

▶ **Primärstruktur:** Angabe der Aminosäuresequenz

▶ **Sekundärstruktur:** räumliche Struktur von bestimmten Bereichen des Peptidgerüsts (z. B. α-Helix, β-Faltblatt)

▶ **Tertiärstruktur:** räumliche Struktur des Proteins unter besonderer Berücksichtigung der Faltung

▶ **Quartärstruktur:** räumliche Struktur des gesamten, aus mehreren Untereinheiten zusammengesetzten Proteinkomplexes

4. Funktionen und Klassen von Proteinen

Proteine haben verschiedene biologische Funktionen. Als *Enzyme* katalysieren sie chemische Reaktionen im Organismus, als *Hormone* regulieren sie biologische Prozesse (z. B. Insulin), und als *Antikörper* sind sie an der Bekämpfung von Infektionen beteiligt. Man kennt auch *Strukturproteine* wie Keratin oder Kollagen, die am strukturellen Aufbau eines Organismus beteiligt sind, und *Transportproteine* wie Hämoglobin, das den Sauerstoff im Organismus transportiert.

Zum einen kann man *einfache Proteine*, bei deren Hydrolyse ausschließlich Aminosäuren entstehen, von *konjugierten Proteinen* (Glykoproteine, Lipoproteine, Metalloproteine usw.) unterscheiden, bei deren Hydrolyse neben den Aminosäuren auch andere Verbindungen freigesetzt werden. Zum anderen lassen sich Proteine in Abhängigkeit ihrer dreidimensionalen Struktur auch in *fibrilläre Proteine* (z. B. Keratin, Kollagen) und *globuläre Proteine* (z. B. Hämoglobin, Insulin) einteilen.

Worum es geht:
Amphiphil, Tensid (Seife), Fettsäurekette, Mizelle

Lipide bilden eine der großen Naturstoffklassen. Sie spielen beispielsweise eine wichtige Rolle beim Aufbau der Struktur von Zellmembranen.

1. Definition

Lipide sind eine heterogene Klasse von Verbindungen mit unterschiedlichen Kohlenstoffgerüsten. Zu den Lipiden zählt man mehrere Gruppen von Verbindungen, darunter Fettsäuren, Acylglycerine, Sphingolipide, Phosphoglyceride usw.

2. Fettsäuren

Fettsäuren sind Carbonsäuren (R–COOH) mit einer langen Kohlenstoffkette, die ihnen besondere physikalische und chemische Eigenschaften verleiht. Die Struktur der Kohlenstoffkette R kann bezüglich ihrer Länge oder der Anzahl ungesättigter funktioneller Gruppen variieren:

R	Name der Kette	Anzahl der C-Atome	Struktur von R
Gesättigte Kette	Laurin	12	$-CH_2-(CH_2)_9-CH_3$
	Myristin	14	$-CH_2-(CH_2)_{11}-CH_3$
	Palmitin	16	$-CH_2-(CH_2)_{13}-CH_3$
	Stearin	18	$-CH_2-(CH_2)_{15}-CH_3$
Ungesättigte Kette	Olein	18	$-(CH_2)_7-CH=CH-(CH_2)_7-CH_3$
	Linol	18	$-(CH_2)_7-CH=CH-CH_2-CH=CH-(CH_2)_4-CH_3$
	Linolen	18	$-(CH_2)_7-(CH=CH-CH_2)_3-CH_3$

3. Acylglycerine

Öle und Fette sind Lipide, die Glycerin enthalten. Je nachdem, ob eine, zwei oder drei Alkoholfunktionen des Glycerins verestert sind, spricht man von Mono-, Di- oder Triglyceriden. Unter basischen Bedingungen lassen sie sich unter Bildung von Glycerin und drei Äquivalenten Fettsäure verseifen:

Glycerin

4. Phosphoglyceride

Phosphoglyceride sind Bestandteile von Zellmembranen. Sie haben eine sehr ähnliche Struktur wie die Acylglycerine, allerdings ist eine der Carbonsäureesterfunktionen durch eine Phosphatgruppe ersetzt. Ein Beispiel ist das Lecithin:

Lecithin
(Nahrungszusatzmittel)

5. Eigenschaften

Seifen sind die Na- oder K-Salze von langkettigen Fettsäuren, die bei der Verseifung (Hydrolyse) von Fetten entstehen. Sie sind Amphiphile; ihre Carbonsäurefunktion verleiht ihnen polare Eigenschaften, während die unpolaren Eigenschaften auf den langen Kohlenstoffketten beruhen:

Polarer Teil: hydrophil

Unpolarer Teil: hydrophob

Um ungünstige Wechselwirkungen mit Wasser zu vermeiden, organisieren sich Fettsäuren in wässriger Lösung so, dass sie an der Wasseroberfläche einen Film bzw. Strukturen ausbilden, die man als Mizellen bezeichnet. Bei den Mizellen sind die Kohlenstoffketten nach innen gerichtet, während die Carboxylatfunktionen in Wechselwirkung mit dem Wasser treten. Das Innere einer Mizelle ist lipophil, ihr Äußeres dagegen hydrophil. Im Falle von Verschmutzungen kommt es zu vorteilhaften Wechselwirkungen mit den unpolaren Kohlenstoffketten, sodass die Verschmutzungen im Innern der Mizellen eingeschlossen werden.

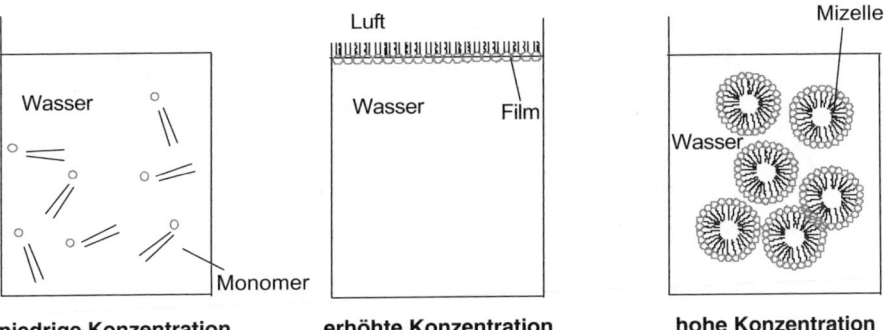

niedrige Konzentration   erhöhte Konzentration   hohe Konzentration

> **Worum es geht:**
> Nucleosid, Nucleotid, Purinbase, Pyrimidinbase

Zu den wichtigsten Gruppen der Moleküle des Lebens gehören die Nucleinsäuren (DNA und RNA). Sie sind die Träger der genetischen Information und des Erbguts.

1. Definitionen

Ebenso wie die Polysaccharide und Proteine sind auch die Nucleinsäuren aus Grundeinheiten aufgebaut, in diesem Fall den **Nucleotiden**. Nucleotide sind phosphorylierte **Nucleoside**, die wiederum aus einer an D-Ribose gebundenen **Purinbase** oder **Pyrimidinbase** bestehen.

Bei der Ribose handelt es sich um eine Pentose der D-Reihe (Kapitel 51), die in cyclischer Form als Furanose vorliegt. Bestandteil der Desoxyribonucleinsäure (DNA) ist die an C-2 desoxygenierte Ribose. Es gibt zwei verschiedene strukturelle Typen von Nucleobasen, die Pyrimidin- und die Purinbasen. Im Folgenden sind die fünf häufigsten Nucleobasen dargestellt:

► **Pyrimidinbasen**

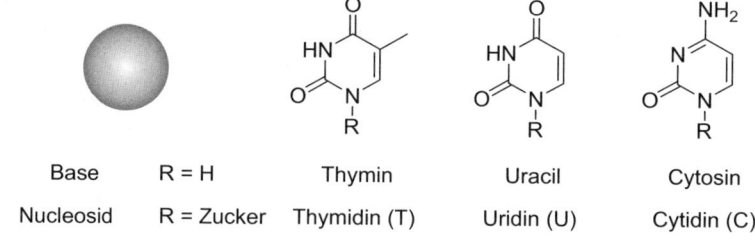

| Base | R = H | Thymin | Uracil | Cytosin |
| Nucleosid | R = Zucker | Thymidin (T) | Uridin (U) | Cytidin (C) |

▶ **Purinbasen**

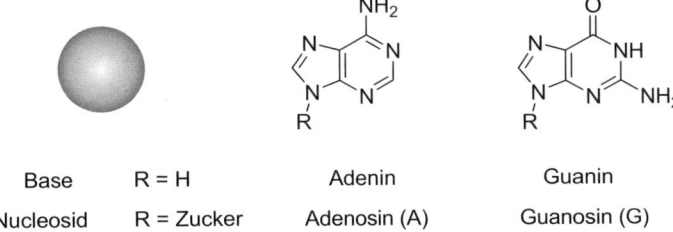

Base	R = H	Adenin	Guanin
Nucleosid	R = Zucker	Adenosin (A)	Guanosin (G)

2. Primärstruktur

Nucleinsäuren sind aus Nucleotideinheiten aufgebaut, die über die Positionen 3' und 5' der Ribose miteinander verknüpft sind. Das so entstehende Polymer wird als *Strang* bezeichnet:

RNA

DNA

DNA enthält die Basen ATGC, bei der RNA sind es AUGC (Thymin ist durch Uracil ersetzt). Aufgrund der Komplementarität der Basen, die über Wasserstoffbrückenbindungen miteinander verknüpft sind, paaren sich zwei Stränge. Dabei nehmen die gepaarten Stränge die räumliche Struktur einer Doppelhelix an (Kapitel 59).

Worum es geht:
Paarung, Komplementarität, Helixstruktur

Durch Verknüpfung von Nucleotiden entsteht ein Strang, der sich mit einem anderen aufgrund von Wasserstoffbrückenbindungen paart. Daraus resultiert die für die DNA charakteristische Helixkonformation. Würde man das natürliche Polymer vollständig entfalten, wäre es ca. zwei Meter (!) lang (zum Vergleich: eine Zelle ist etwa 1/100 mm groß).

1. Zweidimensionale Struktur

Die Wechselwirkungen zwischen Nucleotiden entstehen über Wasserstoffbrücken, und zwar keineswegs zufällig: Tatsächlich „paart sich" Thymin ausschließlich mit Adenosin und Cytidin mit Guanosin. Im Grunde beruht diese Paarung auf der Ausbildung von Wasserstoffbrückenbindungen zwischen komplementären Nucleobasen:

Des Weiteren sind in der Struktur der Nucleotide der Zuckerring und die Basen senkrecht zueinander orientiert, wodurch es zu einer schraubenförmigen Anordnung des Strangs kommt:

2. Dreidimensionale Struktur

Kommt es zur Annäherung zweier gegenläufiger (antiparalleler) Nucleotidstränge, so bilden sich zwischen den Nucleobasen Wasserstoffbrückenbindungen aus, und zwar zwei zwischen Adenosin und Thymidin sowie drei zwischen Guanosin und Cytidin.

Die besondere komplexe räumliche Struktur der DNA kommt durch die gegenläufige Anordnung von zwei Nucleotidsträngen zustande, die sich schraubenförmig um eine gemeinsame Achse winden (sog. Doppelhelix).

Die Struktur der DNA wurde 1953 von Watson und Crick durch Röntgenkristallstrukturanalyse aufgeklärt, wofür ihnen 1962 der Nobelpreis verliehen wurde. Mit ihren ca. drei Milliarden Basen ist die DNA Träger des Erbguts und an der Übertragung genetischer Information in biologischen Prozessen wie der Transkription und der Translation beteiligt.

Durchführung organisch-chemischer Reaktionen

Worum es geht:
Stöchiometrie, Äquivalenz, Geräte und Apparaturen

Die Chemie ist eine experimentelle Wissenschaft, auch wenn man zur Durchführung der Experimente theoretische Kenntnisse benötigt, wie sie etwa in diesem Buch vermittelt werden. Dazu muss man wissen, wie man eine chemische Reaktion in der Praxis durchführt und welche Geräte man dazu braucht.

1. Glasgeräte

Im Folgenden sind einige einfache, in der Chemie gebräuchliche Glasgeräte gezeigt.

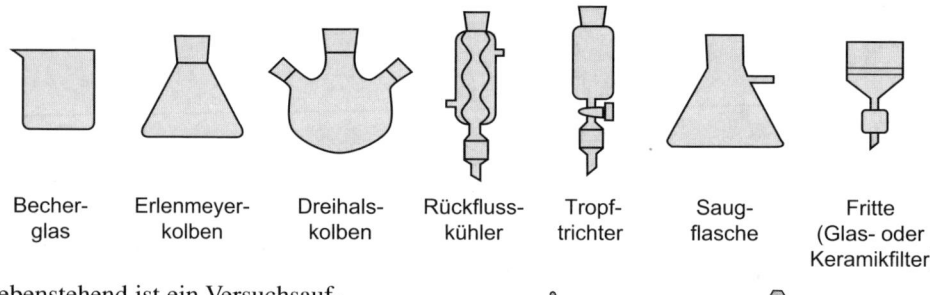

| Becher-glas | Erlenmeyer-kolben | Dreihals-kolben | Rückfluss-kühler | Tropf-trichter | Saug-flasche | Fritte (Glas- oder Keramikfilter) |

Nebenstehend ist ein Versuchsaufbau abgebildet, wie man ihn in der Organischen Chemie häufig benutzt. Das Reaktionsgemisch befindet sich in einem Dreihalskolben und wird mithilfe eines Magnetrührers gerührt, um beim Erwärmen lokale Überhitzungen zu vermeiden. Man versieht den Dreihalskolben mit einem Thermometer, um die Temperatur zu kontrollieren, mit einem Rückflusskühler, um die Lösungsmitteldämpfe zu kondensieren, und mit einem Tropftrichter zum Zutropfen flüssiger Reagenzien.

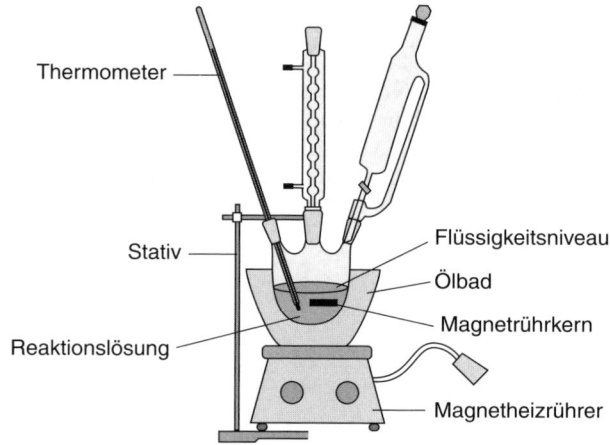

2. Versuch

Als Erstes muss sich der Experimentator mit der jeweiligen Reaktionsgleichung vertraut machen. Sie gibt Auskunft über die eingesetzten Reagenzien und die Versuchsbedingungen: So werden hier die Mengen an Reagenzien, die Reaktionstemperatur sowie weitere Details zu den Reaktionsbedingungen angegeben, beispielsweise ob unter einer Inertgasatmosphäre gearbeitet werden muss.

Der Experimentator berechnet die erforderlichen Mengen sowie die Anzahl der Mole und Äquivalente der benötigten Reagenzien. Die Anzahl der Äquivalente ist definiert als der Quotient aus der Anzahl der Mole des Reagenzes und der bei der Umsetzung benötigten Mole des Reagenzes (ohne Katalysatoren). Mithilfe der Stöchiometrie kann man auch die Anzahl der

Mole und die Menge des Produkts, die theoretisch entstehen können, berechnen. Dies zeigt das folgende Reaktionsbeispiel:

$$\underset{\text{Salicylsäure}}{\text{COOH–OH}} + \underset{\text{Acetanhydrid}}{(CH_3CO)_2O} \xrightarrow{\text{Raum-temperatur}} \underset{\text{Acetylsalicylsäure}}{\text{COOH–OAc}} + \underset{\text{Essigsäure}}{CH_3COOH}$$

Salicylsäure	Acetanhydrid	Acetylsalicylsäure	Essigsäure
$M = 138 \text{ g·mol}^{-1}$	$M = 102 \text{ g·mol}^{-1}$	$M = 180 \text{ g·mol}^{-1}$	
$n = 0{,}5 \text{ Mol}$	$n = 0{,}52 \text{ Mol}$	$n = 0{,}5 \text{ Mol}$	
$m = 69 \text{ g}$	$m = 53 \text{ g}$	$m_{\text{theoretisch}} = 90 \text{ g}$	
	$1{,}04 \text{ Äq}$		

Anschließend wird der Versuch entsprechend der Versuchsvorschrift durchgeführt. Dabei ist darauf zu achten, dass auch die Geräte und das angegebene Lösungsmittel (dient zur Verdünnung des Reaktionsgemischs und darf mit keinem der Reaktanten und Produkte reagieren) wie beschrieben verwendet sowie Reaktionszeit und Reihenfolge der Zugabe der Reagenzien eingehalten werden.

3. Aufarbeitung

Nach Beendigung der Reaktion besteht der nächste Arbeitsschritt in der Aufarbeitung des Reaktionsgemischs.

Im Anschluss an die Hydrolyse werden unter Zuhilfenahme eines Scheidetrichters folgende Arbeitsschritte durchgeführt:

- *Waschen*: Dieser Schritt dient der Entfernung von Salzen sowie der in der organischen Phase gelösten Substanzen. So lassen sich z. B. nach Abschluss der Reaktion durch Zugabe von Wasser in den Scheidetrichter Salze aus der organischen Phase entfernen. Nach Ausschütteln und Phasentrennung wird die wässrige Phase, die jetzt die Salze enthält, abgetrennt.
- *Extraktion*: Dabei geht es darum, das Produkt von einer Phase in eine andere zu überführen; dabei sollen Verunreinigungen in der ursprünglichen Phase verbleiben.
- *Neutralisierung*: In diesem Schritt wird die organische Phase zur Neutralisierung mit einer wässrigen sauren oder wässrigen basischen Lösung gewaschen.

Nach Durchführung dieser Arbeitsschritte liegt das Reaktionsprodukt in der Regel in der organischen Phase vor. Um restliches Wasser zu entfernen, wird die organische Phase anschließend getrocknet. Danach wird das Trockenmittel durch Filtration abgetrennt. Schließlich wird das Produkt aufkonzentriert, indem man das organische Lösungsmittel mit einem Rotationsverdampfer verdampft. Dazu wird das gelöste Produkt in einen Rundkolben überführt, den man an den Rotationsverdampfer hängt. Anschließend wird leichtes Vakuum angelegt, um das Abdestillieren des Lösungsmittels zu erleichtern. Auf diese Weise wird das Reaktionsprodukt konzentriert; das Lösungsmittel wird im Auffangkolben des Verdampfers gesammelt.

4. Definitionen

Lösungsmittel: Verbindung, die zur Verdünnung eines Reaktionsgemischs eingesetzt wird, ohne dass es dabei zu Reaktionen zwischen dem Lösungsmittel und den im Reaktionsgemisch vorliegenden Stoffen kommt. Die Wahl eines geeigneten Lösungsmittels richtet sich nach der durchzuführenden Reaktion und den dazu verwendeten Reagenzien.

Katalysator: Verbindung, die dem Reaktionsgemisch in geringen Mengen zugesetzt wird, um die Reaktivität der Reagenzien zu steigern, und die nach der Reaktion unverändert wiedergewonnen wird.

Rückfluss: wird beim Sieden eines Lösungsmittels beobachtet, wenn seine Dämpfe im Rückflusskühler kondensieren und es wieder in das Reaktionsgemisch zurücktropft. Man führt Reaktionen unter Rückfluss durch, um sie zu beschleunigen.

61 Sicherheit

Worum es geht:
Verbote und Pflichten, Abfälle, Piktogramme

Die Chemie ist eine experimentelle Wissenschaft. Wenn man gewisse Vorsichtsmaßnahmen und Regeln nicht befolgt, kann es zu gefährlichen Situationen kommen.

1. Sicherheitsdatenblätter

Sicherheitsdatenblätter enthalten die für den Umgang mit chemischen Stoffen relevanten physikalischen, chemischen und toxikologischen Informationen:
- genaue Bezeichnung des chemischen Stoffs und die mit ihm verbundenen Gefahren
- bei seiner Lagerung und Handhabung zu treffende Vorkehrungen
- seine Stabilität an Luft und in Wasser
- Angaben zum vorschriftsmäßigen Transport
- Angaben zur Toxikologie
- Maßnahmen zur Brandbekämpfung und bei Freisetzung

Diese Datenblätter sind in Laboren ausgehängt oder auf verschiedenen Internetseiten zugänglich, z. B. www.eusdb.de.

2. Chemische Abfälle

Abfälle, die bei einer chemischen Reaktion anfallen, lassen sich in fünf Kategorien einteilen:
- Nichttoxische chemische Abfälle: können über den Ausguss entsorgt werden, nachdem der pH auf Neutralität geprüft wurde
- Saure und basische Abfälle: wässrige Lösungen, die nach Neutralisation über die Kanalisation entsorgt oder in gesonderten Abfallbehältern gesammelt werden
- Schwermetallabfälle: werden in entsprechenden Kanistern gesammelt und anschließend ausgefällt
- Oxidationsmittel: werden durch Reduktion entsorgt
- Sonstige anorganische Abfälle: Fluoride, Cyanide, Quecksilber, Silber

3. Einige Laborregeln

Beim Arbeiten in einem chemischen Labor sind folgende Regeln zu beachten: Tragen von Schutzkittel, Schutzbrille, Schutzhandschuhen und (gelegentlich) Mundschutz; Zusammenbinden der Haare und Händewaschen. Weiterhin gilt: In einem chemischen Labor darf man nicht rauchen, trinken oder essen, niemals allein arbeiten, keine ungeeignete Kleidung tragen, niemals mit dem Mund pipettieren, niemals Gänge und Arbeitsflächen blockieren und nicht rennen. Außerdem darf man bei der Arbeit niemals unkonzentriert sein. Für den Fall, dass trotzdem plötzlich gefährliche Situationen entstehen, sind die Laboratorien mit Feuerlöschern, Sand, einer Dusche, einer Augendusche sowie einem Erste-Hilfe-Kasten ausgestattet. Machen Sie sich beim Betreten eines Labors mit deren Standorten und Funktionsweisen vertraut.

4. Piktogramme

Nachfolgend sind einige Piktogramme aufgeführt, die Sie auf Behältnissen für chemische Substanzen finden und die Sie über die Gefahren beim Umgang mit diesen Substanzen aufklären:

| ätzend | reizend/ gesundheits- schädlich | explosions- gefährlich | brand- fördernd | entzündlich | giftig |

Brandfördernd: Zahlreiche Oxidationsmittel wie Sauerstoff sind brandfördernd; sie reagieren mit brennbaren Stoffen.

Entzündlich: Entzündliche Stoffe sind von Heizquellen (Flammen, Funken) fernzuhalten.

Giftig: Jeder Kontakt mit Haut und Augen ist zu vermeiden, die Dämpfe dürfen nicht eingeatmet werden (Arbeiten im Abzug ist obligatorisch).

Gesundheitsschädlich oder *reizend*: An einem gut belüfteten Platz arbeiten.

Ätzend (konzentrierte Säuren oder Basen): Jeder Kontakt mit Haut und Augen ist zu vermeiden. Schutzkittel und Schutzhandschuhe tragen.

5. Technische Daten

In den Datenblättern findet man darüber hinaus auch nützliche Angaben zu Werten, deren Definitionen nachstehend wiedergegeben werden:

Mittlere Hemmkonzentration oder inhibitorische Konzentration (IC_{50}): die Konzentration eines chemischen Stoffs, die innerhalb von 24 Stunden bei der Hälfte (50 %) einer exponierten Tierpopulation zu einer Immobilisierung führt.

Mittlere letale Konzentration (LC_{50}): die Konzentration eines chemischen Stoffs, bei der die Hälfte (50 %) einer exponierten Tierpopulation innerhalb von 24 Stunden abstirbt.

Flammpunkt (FP): niedrigste Temperatur, bei der es im Kontakt mit einer Flamme zur Entzündung von Dämpfen kommt. Zündpunkt (Selbstentzündungstemperatur): niedrigste Temperatur, bei der es zur spontanen Entzündung von Dämpfen kommt.

6. Regeln zur Lagerung von Chemikalien

Bei der Lagerung von Chemikalien müssen Sie immer den Siedepunkt und die Stabilität prüfen. Manche Chemikalien müssen im Kühlschrank gelagert werden. Achten Sie auf die getrennte Aufbewahrung von Verbindungen, die nicht zusammen gelagert werden dürfen:

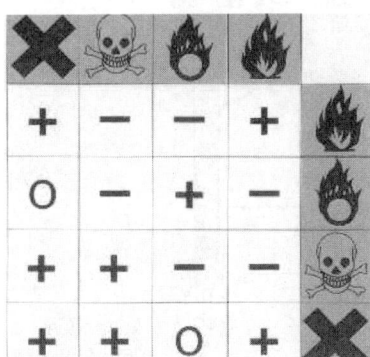

– : dürfen nicht zusammen gelagert werden

O : dürfen nicht zusammen gelagert werden, wenn bestimmte besondere Stoffeigenschaften zusammentreffen

+ : dürfen zusammen gelagert werden

Worum es geht:
Destillation, Chromatographie, Umkristallisation, Sublimation

Am Ende einer Reaktion müssen die Produkte gereinigt werden. Welche Reinigungsmethode dabei verwendet wird, richtet sich danach, in welcher Zustandsform das Produkt vorliegt und wie viel man davon zur Verfügung hat.

1. Fraktionierte Destillation

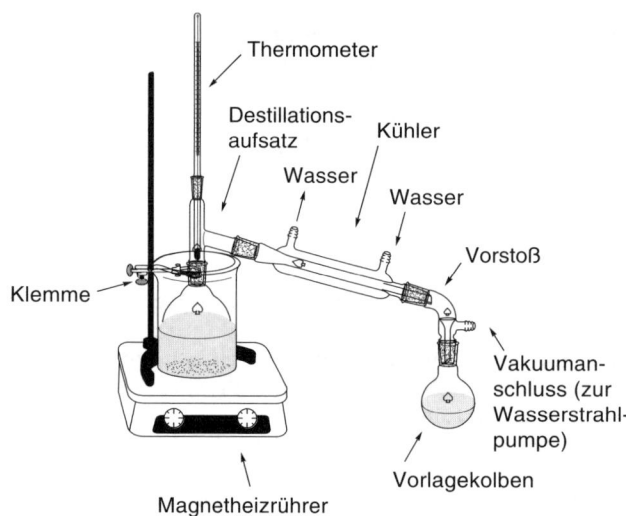

Die fraktionierte Destillation ist eine Technik, die auf den unterschiedlichen Siedepunkten der Bestandteile eines Produktgemischs basiert. Nehmen wir ein Gemisch zweier Verbindungen **A** und **B** mit den Siedepunkten $T_A = 80\ °C$ und $T_B = 110\ °C$. Das Gemisch wird in einer Destillationsapparatur (Versuchsaufbau siehe Abbildung) unter Rühren auf eine Temperatur von 90 °C erwärmt. Bei dieser Temperatur siedet nur Verbindung **A**, die kondensiert und sich im Vorlagekolben sammelt. Anschließend wird Verbindung **B** destilliert, indem man die Temperatur auf über 110 °C erhöht.

Bei hoch siedenden Verbindungen muss die Destillation bei sehr hohen Temperaturen durchgeführt werden, wobei es zur Zersetzung der zu destillierenden Substanz kommen kann. Um dies zu verhindern, erniedrigt man den Siedepunkt, indem man bei verringertem Druck arbeitet. Dies gelingt durch Einsetzen einer Wasserstrahl- oder Vakuumpumpe.

2. Säulenchromatographie

Mithilfe der Säulenchromatographie lässt sich ein Gemisch in seine Bestandteile auftrennen. Dazu wird es auf Silicagel (Kieselgel) aufgetragen und anschließend „eluiert", d. h. die Substanzen werden mithilfe eines Lösungsmittels (Eluent) herausgelöst. Zwischen den einzelnen Bestandteilen des Gemischs und dem Kieselgel bzw. dem Eluenten existieren schwache Wechselwirkungen. Die einzelnen Komponenten eines Gemischs werden in der Säule aufgrund ihrer unterschiedlichen Wechselwirkungen getrennt und beim Austritt aus der Säule als einzelne Fraktionen in unterschiedlichen Gefäßen gesam-

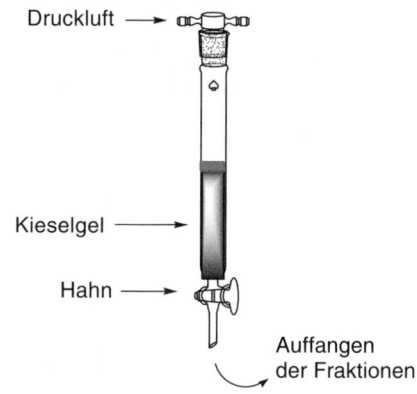

melt, wobei die weniger polaren Substanzen weniger stark vom Kieselgel zurückgehalten werden als die polaren.

3. Umkristallisation

Die Umkristallisation ist die Methode der Wahl, wenn es um die Reinigung kristalliner Verbindungen geht. Sie basiert auf Löslichkeitsunterschieden von Produkt und Verunreinigungen bei verschiedenen Temperaturen. Dazu geht man so vor, dass man das zu reinigende Produkt in der Hitze (Rückfluss) in einem Lösungsmittel löst. Anschließend werden unlösliche Verunreinigungen durch Filtration abgetrennt und verworfen. Beim Abkühlen des Filtrats nimmt die Löslichkeit des Produkts ab, sodass es auskristallisiert. Danach wird das Produkt durch Filtration isoliert. Mittels Kristallisation gelingt es, in der Kälte besser lösliche Verunreinigungen abzutrennen.

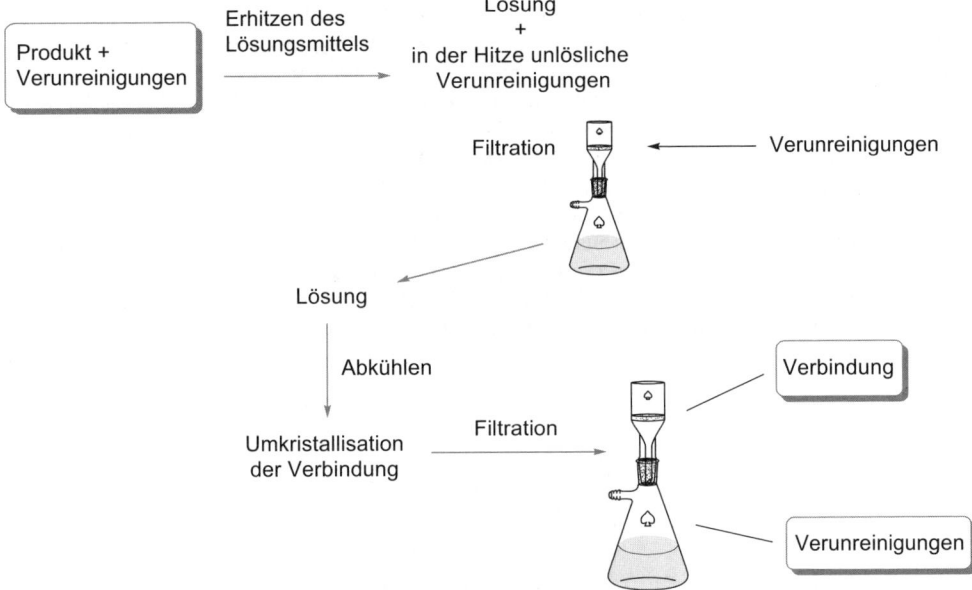

4. Sublimation

Bei der Sublimation handelt es sich um eine Methode zur Reinigung kristalliner Verbindungen mit einem niedrigen Sublimationspunkt (Temperatur, bei der es zum Übergang vom festen in den gasförmigen Zustand kommt). Um eine Sublimation durchzuführen, geht man wie folgt vor: Die zu reinigende Verbindung wird in eine Kristallisierschale gegeben und mit einem Uhrglas bedeckt, das mit Eis befüllt wird. Anschließend wird die Kristallisierschale erwärmt. Wenn die Temperatur den Sublimationspunkt der Verbindung erreicht hat, verdampft diese und sammelt sich an der Unterseite des Uhrglases. Die Verunreinigungen bleiben in der Kristallisierschale zurück. Um die gereinigte Verbindung wiederzugewinnen, genügt es, sie vom Uhrglas abzukratzen.

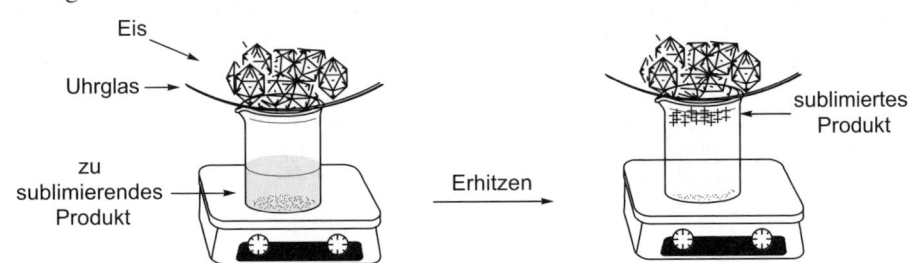

Worum es geht:
Polarimeter, Drehwert, Schmelzpunkt, Dünnschichtchromatographie (DC)

1. Dünnschichtchromatographie (DC)

Die Dünnschichtchromatographie ist eine einfache und effiziente Methode, um den Fortschritt einer Reaktion zu verfolgen. Das Vorgehen ähnelt dem anderer chromatographischer Verfahren: Auf eine mit Kieselgel beschichtete DC-Platte wird mithilfe einer Kapillare ein Aliquot des Reaktionsgemischs aufgetragen. Auf dieselbe Weise bringt man zusätzlich Referenzsubstanzen auf. Anschließend wird die Dünnschichtplatte in eine Entwicklungskammer gestellt, deren Boden mit einem Lösungsmittelgemisch (dem Eluenten) bedeckt ist. Dieses Gemisch wandert aufgrund von Kapillarkräften nach oben und nimmt dabei die einzelnen Substanzen mit, deren Wanderung dabei in Abhängigkeit von den Wechselwirkungen mit dem polaren Kieselgel mehr oder weniger schnell erfolgt. Je polarer eine Verbindung ist, desto stärker wird sie durch das Kieselgel zurückgehalten und desto weniger schnell wandert sie. Auf diese Weise gelingt die Auftrennung des Reaktionsgemischs. Nach vollständiger Entwicklung des Dünnschichtchromatogramms sind mehrere „Flecken" entstanden (die durch Ansprühen mit Nachweisreagenzien sichtbar gemacht werden). Durch Vergleich mit den Referenzsubstanzen lässt sich der Reaktionsfortschritt (Verschwinden der Flecken für Substrat/Reagenzien) ablesen; anhand der Anzahl der gebildeten Produktflecken kann man die Qualität der Reaktion beurteilen.

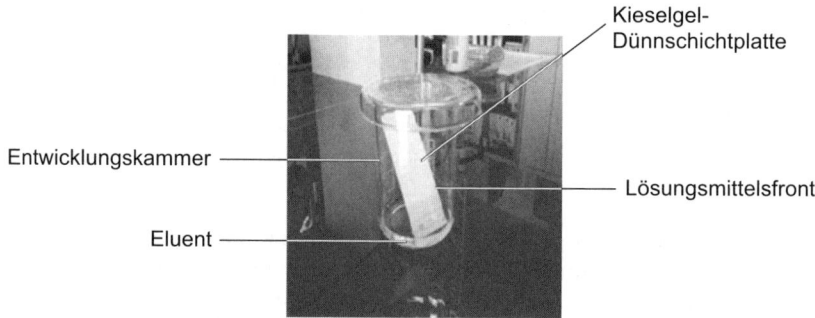

Kieselgel-
Dünnschichtplatte

Entwicklungskammer

Eluent

Lösungsmittelsfront

2. Drehwert

Nach der Auftrennung müssen die Produkte charakterisiert werden. Zur Charakterisierung eignen sich verschiedene Verfahren, darunter auch spektroskopische Methoden (IR, UV und NMR). Wenn das Produkt chiral ist, bestimmt man auch seinen spezifischen Drehwert d. h. seine Fähigkeit, die Ebene des polarisierten Lichts zu drehen. Dies ist eine besondere Eigenschaft chiraler Moleküle (Kapitel 11). Der spezifische Drehwert wird mithilfe eines Polarimeters bestimmt. Man geht dazu wie folgt vor: Zunächst wird das Produkt in einem Lösungsmittel gelöst. Diese Lösung füllt man in eine Küvette, die in das Polarimeter gestellt wird. Das polarisierte Licht, das durch die Probe hindurchtritt, wird um einen bestimmten Winkel gedreht, den man α nennt. Die spezifische Drehung ist definiert als:

$$[\alpha]_D = \frac{\alpha}{l \cdot c}$$

wobei $[\alpha]_D$ = spezifischer Drehwert
α: Drehwinkel
l: Länge der Küvette (in dm)
c: Konzentration der Probe (in $g \cdot ml^{-1}$)

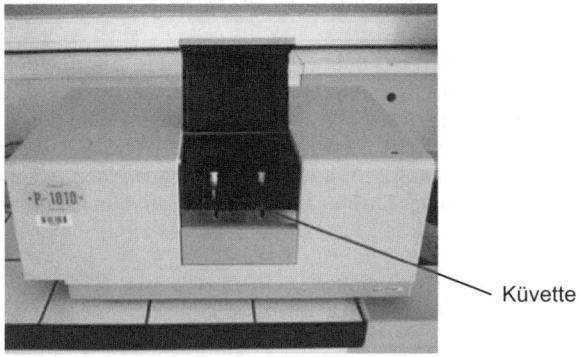

Küvette

3. Schmelzpunkt

Reine kristalline Verbindungen haben einen charakteristischen Schmelzpunkt, der durch Verunreinigungen erniedrigt wird. Der Schmelzpunkt lässt sich mit verschiedenen Messgeräten wie etwa der Koflerbank bestimmen. Dabei handelt es sich um ein beheizbares Metallband, an dem man einen Temperaturgradienten erzeugen kann. Nachdem man das Produkt auf das Metallband aufgetragen hat und es an einer bestimmten Stelle geschmolzen ist, wird die Schmelztemperatur durch Kalibrierung und Graduierung bestimmt.

Geeignet sind aber auch andere Schmelzpunktbestimmungsapparaturen, bei denen eine mit Produkt gefüllte Kapillare in ein Ölbad getaucht wird. Das Ölbad wird aufgeheizt und das Schmelzen des Produkts mit einer Lupe beobachtet. Die Schmelztemperatur wird an einem ebenfalls in das Bad getauchten Thermometer abgelesen.

Schmelzpunktbestimmungs-
apparatur

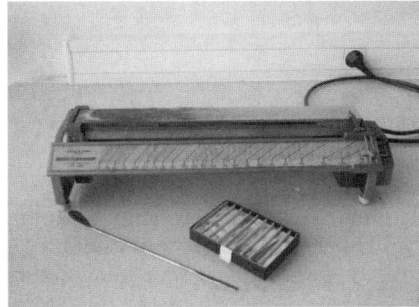

Koflerbank

Worum es geht:
Anregung, Energieabsorption, Änderung des Spin-Zustands

Die Identifizierung von Molekülen ist in den verschiedensten Bereichen von elementarer Bedeutung, beispielsweise bei der Entdeckung neuer therapeutisch wirksamer Substanzen durch Extraktion von pflanzlichem oder tierischem Material (Hauptquelle der Pharmakopöen), aber auch im Bereich der Umweltanalytik, wo man organische Schadstoffe identifizieren (und quantifizieren) muss, in der Archäologie, um Stoffe nachzuweisen, welche die Menschen in früheren Zeiten benutzt haben, in der Dopingkontrolle wie auch in der Medizin (Ausscheidung von Molekülen im Urin usw.).

1. Verschiedene Methoden der Strukturanalyse

Es gibt mehrere Methoden, mit denen man die Struktur von Molekülen teilweise oder vollständig aufklären kann. Am effektivsten sind die verschiedenen Methoden der Beugung (Diffraktion): Neutronenbeugung, Elektronenbeugung oder Röntgenbeugung. Weniger kostspielig sind allerdings die Infrarotspektroskopie, die UV-Spektroskopie und die magnetische Kernresonanz. Die spektroskopischen Methoden beruhen auf dem Prinzip der Absorption von Energie elektromagnetischer Wellen, die zur Anregung von Schwingungen (**Schwingungsspektroskopie: IR**), zur Anregung von Elektronen (**elektronische Spektroskopie: UV**) oder zur Änderung des Spinzustands von Kernen (**Kernresonanzspektroskopie: NMR**) führt.

2. Wie wird die Energie zugeführt?

Energie wird durch elektromagnetische Wellen, z. B. Licht, zugeführt.

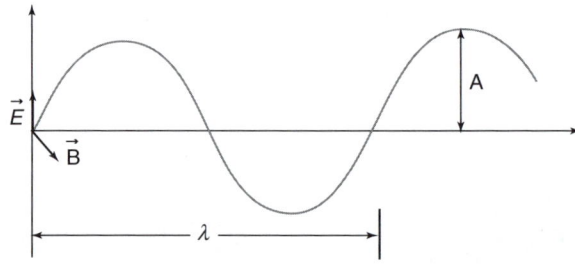

elektromagnetische Welle

Elektromagnetische Wellen breiten sich im Raum sinusförmig aus. Man definiert sie über ihre Wellenlänge λ, ihre Frequenz υ, die Amplitude A und ihre Ausbreitungsgeschwindigkeit c. Diese Größen sind über folgende Gleichung miteinander verknüpft:

$$\Delta E = h\upsilon = hc/\lambda$$

wobei h (Plancksches Wirkungsquantum oder Planck-Konstante) = $6{,}624 \cdot 10^{-34}$ J $\cdot$ s und c (Lichtgeschwindigkeit) = $2{,}998 \cdot 10^{8}$ m $\cdot$ s^{-1}.

Die Energie der Welle hängt also von ihrer Wellenlänge ab. Folglich definiert man das elektromagnetische Spektrum als Gesamtheit aller Wellenlängen. In Abhängigkeit der damit verbundenen Energien unterscheidet man unterschiedliche Wellenlängenbereiche: IR, Röntgenstrahlen usw.

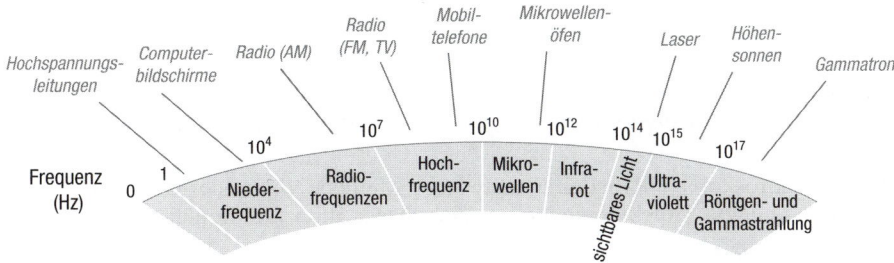

Bei den verschiedenen spektroskopischen Verfahren werden Wellen unterschiedlicher Energie eingesetzt. Sie reichen von den energiereichen UV-Strahlen bis zu den Radiowellen, was Energien von 100, 10 und 10^{-6} kcal·mol^{-1} für die NMR-Spektroskopie entspricht.

3. Strukturaufklärung

Mithilfe von IR- und UV-Spektroskopie lassen sich in Molekülen bestimmte Gruppen von Atomen oder funktionelle Gruppen nachweisen. Allerdings geben diese Verfahren ebenso wie auch die Massenspektrometrie keine Auskunft über die Molekülstruktur. Aufschluss darüber gibt die NMR-Spektroskopie, und zwar in Bezug auf:

- die elektronische Umgebung eines Kerns (Atoms): So kann man herausfinden, ob ein H-Atom an eine Doppelbindung oder an ein Heteroatom wie O, N, P gebunden ist;
- seine räumliche Umgebung: Man kann feststellen, ob ein H-Atom mit einem oder mit mehreren H-Atomen benachbart ist (Kopplung).

Auf diese Weise lassen sich sowohl die Stereochemie einfacher Moleküle (Diastereoisomerie) als auch die räumliche Anordnung großer Moleküle (Faltung von Proteinen) aufklären.

Die Informationen, die durch die einzelnen spektroskopischen Methoden zugänglich sind, ergänzen sich gegenseitig.

Worum es geht:
Identifizierung funktioneller Gruppen, Anregung von Bindungen, Analyse

Die Infrarotspektroskopie (IR) ist eine analytische Methode, die in der Organischen Chemie zur Identifizierung von Molekülen oder, genauer gesagt, ihrer funktionellen Gruppen genutzt wird.

1. Allgemeines

Die durch elektromagnetische Wellen übertragene Energie ermöglicht den Übergang eines Moleküls vom stabilen Grundzustand in einen angeregten Zustand. Entspricht die übertragene Energie genau der Energie, die für den Übergang in den angeregten Zustand benötigt wird, wird die Energie dieser Wellenlängen absorbiert (Quantisierung). Es wird nur Strahlung dieser Wellenlängen absorbiert, Strahlung anderer Wellenlängen nicht.

Die absorbierte Energie lässt sich mit der Bindungsenergie korrelieren; die Energie, die absorbiert wird, ist sowohl für die Art der miteinander verbundenen Atome als auch für den Bindungstyp spezifisch. Anders ausgedrückt: Für eine Bindung A–B wird eine spezifische Absorption beobachtet, die sich von der spezifischen Absorption einer Bindung A=B und einer Bindung A–C unterscheidet. Daher kann man Tabellen erstellen, in denen die Wellenlängen angegeben werden, bei denen bestimmte funktionelle Gruppen absorbieren:

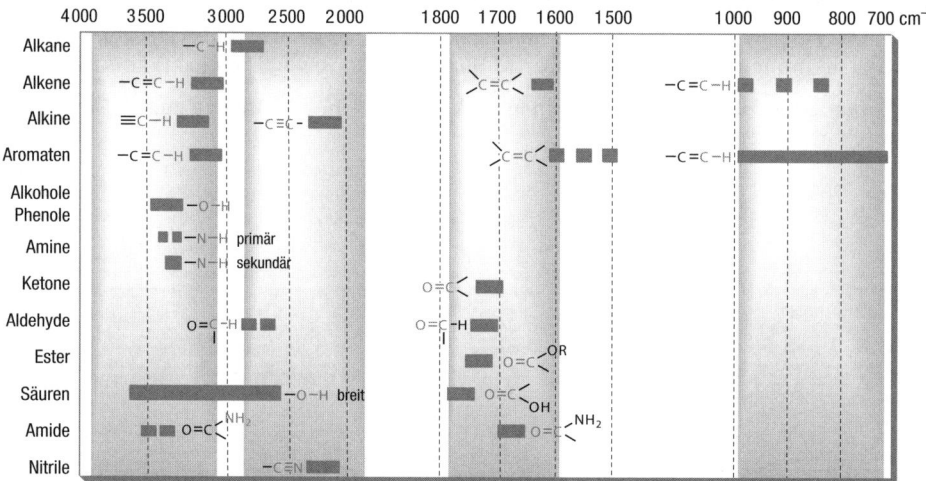

Die absorbierte Energie wird in Molekülschwingungen umgewandelt. Man unterscheidet Valenzschwingungen (entlang der Bindungsachse) und Deformationsschwingungen (außerhalb der Bindungsachse):

Valenzschwingungen ν

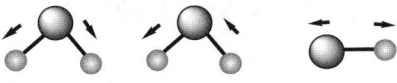

symmetrisch asymmetrisch

Deformationsschwingungen δ

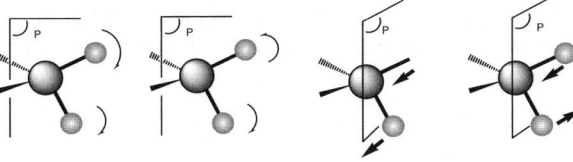

Für eine Bindung A–B kann man mehrere charakteristische Banden beobachten, die Valenz- und Deformationsschwingungen entsprechen.

2. Wie interpretiert man ein IR-Spektrum?

Bei der Interpretation eines IR-Spektrums konzentriert man sich auf vier verschiedene Bereiche:

Bereich 4:
Um 3000 cm^{-1}: Anwesenheit von C–H-Bindungen
Die Lage der Banden ist abhängig von der Hybridisierung des Kohlenstoffs
Nach C=C im Bereich von 1650 cm^{-1} suchen
C≡C und C≡N im Bereich von 2200 cm^{-1} suchen

Bereich 3:
900–700 cm^{-1}: Anwesenheit eines Aromaten
– 1 Bande, Disubstitution 1,2
– 2 Banden, Monosubstitution oder Trisubstitution
– 3 Banden, Disubstitution 1,3

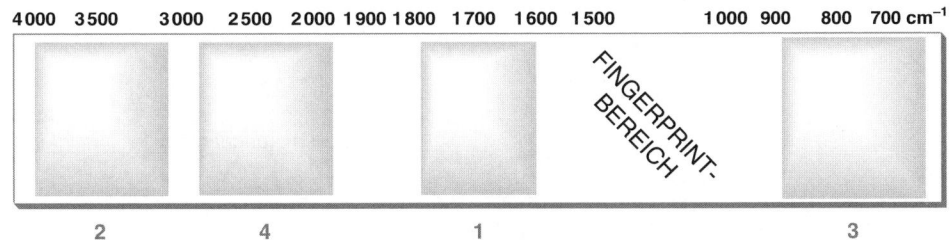

Bereich 2:
3500 cm^{-1}: Anwesenheit von O–H
– bei schmaler Bande: Alkohol
– bei breiter Bande: Carbonsäure
3400 cm^{-1}: Anwesenheit von N–H
– Die Anzahl der Banden entspricht der Klasse des Amins.
Bei Bildung von Wasserstoffbrückenbindungen kommt es zur Verschiebung der Schwingungsbande in Richtung niedrigerer Wellenzahlen.

Bereich 1:
1750–1700 cm^{-1}: Anwesenheit von C=O
– Im Bereich 4 nach 2 schwachen Banden bei 2200 cm^{-1} suchen: R–CHO
– Im Bereich 2 nach einer breiten Bande bei 3300 cm^{-1} suchen: R–CO–OH
– Findet man in diesen beiden Bereichen keine Banden, handelt es sich um einen Ester (1735–1750 cm^{-1}) oder um ein Keton (1710 cm^{-1}).
Durch Konjugation kommt es zur Verschiebung der Banden.

Worum es geht:
Lambert-Beer'sches Gesetz, λ_{max}

Die Ultraviolett-Spektroskopie ist eine analytische Methode zur Identifizierung funktioneller chromophorer Gruppen in farblosen Substanzen. Man unterscheidet Fern-UV (λ < 200 nm) und Nah-UV (λ 200–400 nm).

1. Allgemeines

Die UV-Spektroskopie basiert auf Anregungsphänomenen aufgrund der Absorption von Energie, die durch Photonen übertragen wird. Photonen besitzen sowohl Wellen- als auch Teilcheneigenschaften (Korpuskel). Es sind Energiepakete, die durch folgende Quantengleichung definiert sind:

$$\Delta E = h\nu = hc/\lambda$$

wobei gilt: c = Lichtgeschwindigkeit; h = Planck-Konstante.

Wenn diese Energie der Energiedifferenz zwischen zwei Orbitalen entspricht, wird das Elektron auf das höhere Niveau angehoben. Dieser Vorgang verläuft viel schneller als eine Schwingung. Daher kommt es zur Energieabsorption:

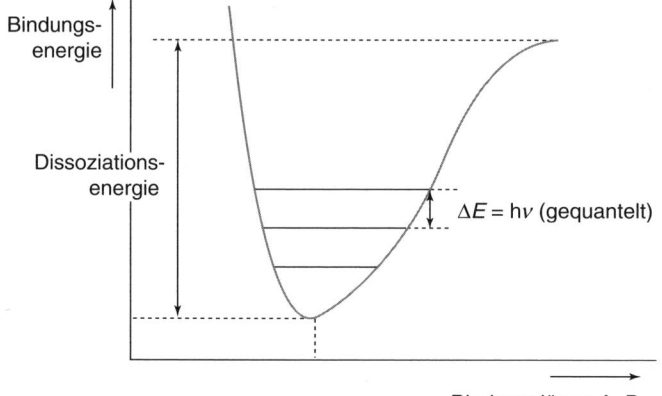

2. UV-Spektrum

Um ein Spektrum zu erhalten, wird die Probe mit Licht unterschiedlicher Wellenlänge bestrahlt. Absorption beobachtet man u. a. bei der Wellenlänge λ_{max}. Sie ist für die funktionelle Gruppe spezifisch (Absorptionsbande abhängig von der Art des Elektronenübergangs und damit von der funktionellen Gruppe):

	λ_{max} (nm)		λ_{max} (nm)
$CH_2=CH-CH=CH_2$	217	⬠	238
⬦=O	215	⬡	184, 203, 256

Das Absorptionsmaximum der Wellenlänge (λ_{max}) kann durch benachbarte Gruppen verschoben (hypso- und bathochrome Effekte) bzw. moduliert (hypo- und hyperchrome Effekte) werden:

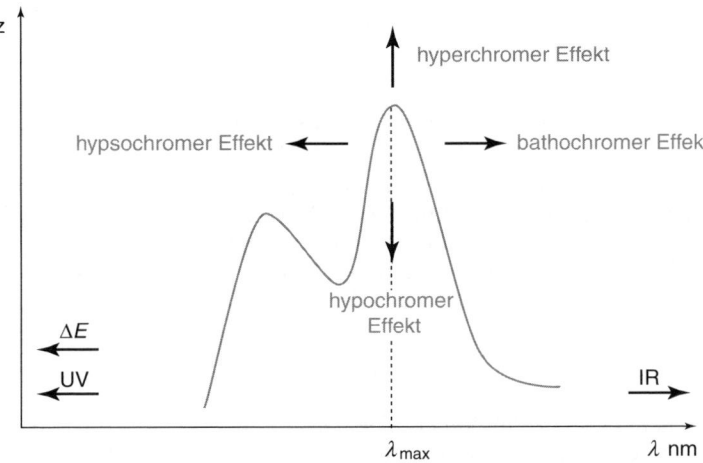

3. Intensität

Trifft das einfallende Licht I_0 auf die zu analysierende Lösung, wird es durchgelassen und besitzt anschließend die Intensität I.

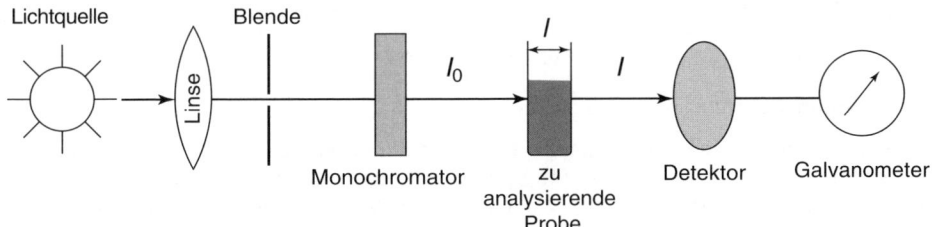

Man definiert zwei Größen: die Durchlässigkeit (oder Transmission) T und die Absorbanz A (oder optische Dichte OD).

$$T = \frac{I}{I_0} \times 100 \qquad A = \log \frac{I}{I_0}$$

Die Absorbanz gehorcht dem Lambert-Beer'schen Gesetz; diese Größe ist von der Konzentration der zu analysierenden Lösung, von dem für das absorbierende Molekül spezifischen molaren Extinktionskoeffizienten und von der Schichtdicke der Küvette abhängig:

$$A = \varepsilon \cdot l \cdot c,$$

wobei A = Absorbanz (ohne Einheit), ε = molarer Extinktionskoeffizient ($1 \cdot mol^{-1} \cdot cm^{-1}$), c = Konzentration ($mol \cdot l^{-1}$), und l = Schichtdicke (cm).

Worum es geht:
Magnetfeld, Anregung von Kernen, Fourier-Transformation

Die magnetische Kernresonanz (engl. *nuclear magnetic resonance,* NMR) wird zur Analyse kleiner Moleküle eingesetzt und gibt Aufschluss über Struktur und Stereochemie eines Moleküls. Darüber hinaus kann man mit dieser Technik aber auch die Konformation großer Moleküle (z. B. von Proteinen) untersuchen. Ihre bekannteste Anwendung ist die Kernspintomographie oder Magnetresonanztomographie (MRT).

1. Prinzip

Wie bei jeder anderen spektroskopischen Methode beruht auch das Prinzip der magnetischen Kernresonanz auf der Störung (hier durch ein Magnetfeld) eines Systems (hier von Kernen) und der Beobachtung der Rückkehr des Systems ins Gleichgewicht. Das für den beobachteten Kern charakteristische Signal wird mithilfe eines mathematischen Verfahrens umgewandelt. Mit der magnetischen Kernresonanz lassen sich aber nicht alle Kerne beobachten, sondern nur die Kerne mit magnetischen Momenten. Es handelt sich um Kerne mit einem Kernspin I (vierte Quantenzahl) ungleich Null:

entweder $I = 1/2$ (A ist ungerade) wie z. B. ^1_1H, $^{13}_6C$, $^{15}_7N$, $^{31}_{15}P$, $^{19}_9F$

oder $I = 1$ (A ist gerade und Z ungerade) wie z. B. ^2_1H, $^{32}_{15}P$

Magnetisierung, Resonanz und Relaxation

Diese Kerne verhalten sich wie Magnete, d.h. ihre magnetischen Momente sind in einem feldfreien Raum normalerweise zufällig orientiert. Legt man jedoch ein externes Magnetfeld B_0 an, dann kommt es zur Ausrichtung der magnetischen Momente, und zwar entweder in Richtung (parallel) des angelegten Felds oder entgegen dieser Richtung (antiparallel), wobei sich die meisten in Richtung des Magnetfelds orientieren.

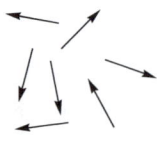

zufällige Orientierung der Spins

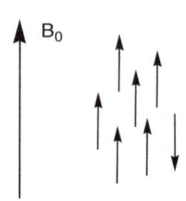

Ausrichtung der Spins nach Anlegen von B_0

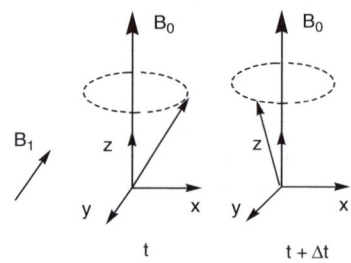

Präzession der Spins mit B_1

Legt man kurzzeitig ein Feld B_1 an, das senkrecht zu B_0 steht, ergeben sich eine Auslenkung und eine Rotation des Spins um die Achse von B_0. Dies nennt man die Larmorpräzession ω_0, für die gilt:

$$\omega_0 = \gamma B_0$$

Die Summe aller Spins führt zu einer makroskopischen Magnetisierung M, deren Rückkehr in das Gleichgewicht nach Anlegen von B_1 als Relaxation bezeichnet wird:

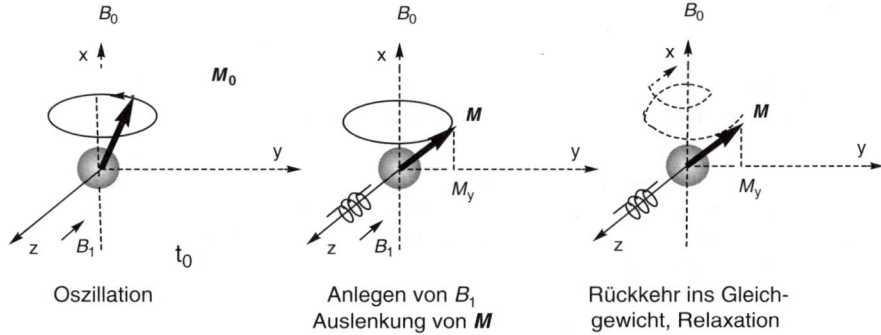

Oszillation | Anlegen von B_1 | Rückkehr ins Gleich-
Auslenkung von M | gewicht, Relaxation

Tatsächlich verwendet man ein rotierendes Feld B_1 und regt mit Pulsen eines Frequenzbereichs an. Wenn eine Frequenz genau der Energie entspricht, die zur Induktion einer Präzession eines Kerns benötigt wird (Resonanz), registriert man die Evolution der Komponente M_y in Abhängigkeit von der Zeit zwischen dem Anlegen des Impulses und der Relaxation. Die Kerne haben unterschiedliche Resonanzfrequenzen, sodass unterschiedliche Signale erzeugt werden. Das Signal wird anschließend einer Fourier-Transformation unterzogen:

Fourier-
Transformation

2. Apparativer Aufbau

NMR-Gerät (250 MHz)

Ein NMR-Gerät besteht aus einem Magneten, dessen supraleitende Magnetspule das Magnetfeld erzeugt. Die supraleitende Magnetspule ist in flüssiges Helium eingetaucht und wird so auf sehr niedrige Temperaturen (−269 °C) gekühlt. Das Ganze ist in einem mit flüssigem Stickstoff (−196 °C) gekühlten Gefäß untergebracht. Die Magnetspule ist computergesteuert. Flüssiger Stickstoff und flüssiges Helium müssen regelmäßig aufgefüllt werden. Die zu analysierende Verbindung wird in einem deuterierten Lösungsmittel gelöst; diese Lösung wird in ein Röhrchen gefüllt, das in das Magnetfeld gebracht wird.

Worum es geht:
Chemische Verschiebung, Multiplizität, Integration, Äquivalenz

---

Wie wir gesehen haben, hängt die Larmorfrequenz sowohl von B_0 (sie ist identisch für alle Kerne, die dem Feld ausgesetzt sind) als auch vom gyromagnetischen Verhältnis (identisch z. B. für alle Wasserstoffkerne) ab. Wie können wir jetzt die Kerne von H-Atomen durch die NMR-Spektroskopie unterscheiden?

1. Definition

Diese Differenzierung gelingt mithilfe von B_0, da das Magnetfeld durch die Umgebung des Kerns (umgebende Elektronen) lokal modifiziert wird. Elektronen sind selbst geladene Partikel, die bei ihrer Rotation ebenfalls Magnetfelder erzeugen. Dadurch kommt es zu einer Veränderung von B_0 an den Kernen. Befinden sich H-Atome in unterschiedlichen elektronischen Umgebungen (Bindungen, Nachbaratome/-gruppen usw.), dann sind auch B_0 und ω_0 verschieden. Bei Anlegen von B_1 treten H-Atome in unterschiedlicher Umgebung bei unterschiedlichen Frequenzen in Resonanz (Kapitel 67).

$$\omega_0 = \gamma B_0\,(1-\sigma),$$

wobei σ = Abschirmungskonstante.

In Abschirmung und Entschirmung drücken sich elektronische Donor- bzw. Akzeptoreffekte von Elektronen aus. Betrachtet man z. B. ein Proton in der Nähe einer elektronenanziehenden Gruppe, ist seine Elektronendichte geringer. Man spricht davon, dass das Proton entschirmt ist (σ ist wichtig).

Zur Vereinfachung führt man die chemische Verschiebung ein, die wie folgt definiert ist:

$$\delta_{ppm} = \frac{\nu_i - \nu_{TMS}}{\nu_0} \times 10^6$$

wobei ν_i = Frequenz des betrachteten Kerns, ν_{TMS} = Frequenz der Referenzsubstanz Tetramethylsilan (TMS) und ν_0 = Frequenz des Magnetfelds.

Die Bedeutung dieser Größe liegt darin, dass sie von der Stärke des Magnetfelds unabhängig ist. Das heißt, dass das Signal eines bestimmten Protons immer dieselbe chemische Verschiebung hat. Die chemische Verschiebung wird in Bezug auf eine Referenzsubstanz angegeben. Bei der ^{1}H-NMR-Spektroskopie benutzt man dazu Tetramethylsilan $(CH_3)_4Si$, das vier identische Methylgruppen aufweist, deren chemische Verschiebung stark zu hohem Feld verschoben ist.

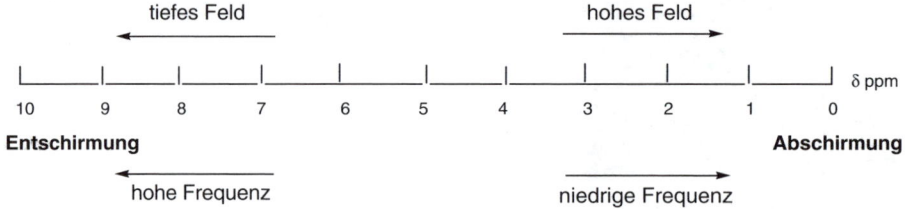

Ihrer Definition gemäß ändert sich die chemische Verschiebung umgekehrt zum Feld. So führt eine Entschirmung zu einer Verschiebung der chemischen Verschiebung zu tiefem Feld.

2. Einflussfaktoren der chemischen Verschiebung

Mehrere Faktoren können die chemische Verschiebung eines Protons beeinflussen, so etwa das Vorliegen einer Wasserstoffbrückenbindung oder das Auftreten eines von π-Elektronen hervorgerufenen „Elektronenstroms", z. B.:

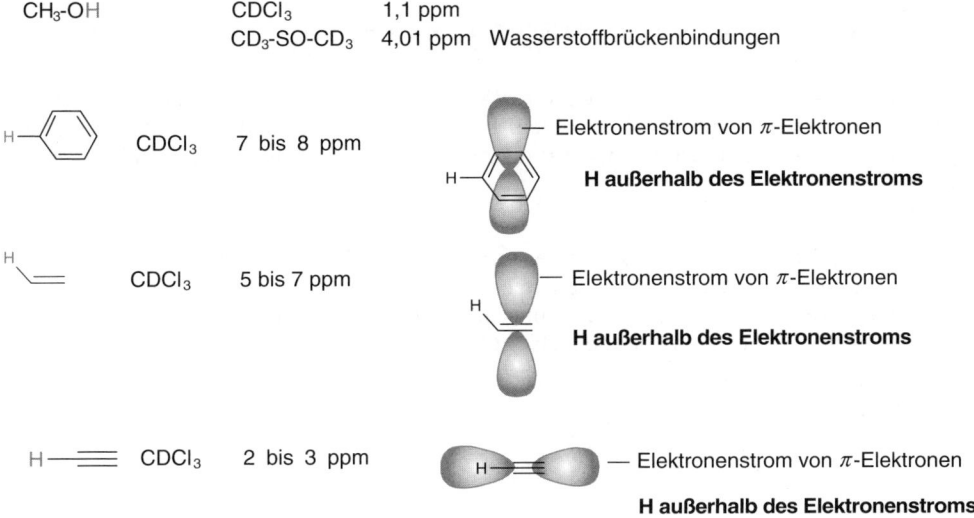

3. Übersicht über wichtige chemische Verschiebungen

In der folgenden vereinfachten Übersicht sind die chemischen Verschiebungen charakteristischer Protonen angegeben:

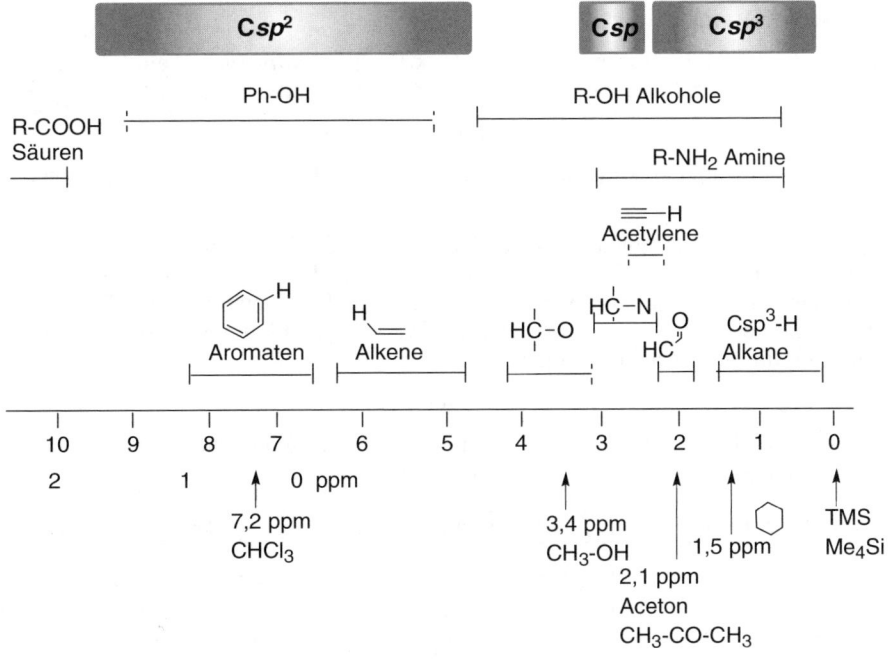

Worum es geht:
Pascalsches Dreieck, Aufspaltung, skalare Spin-Spin-Kopplung

Durch die Spin-Spin-Kopplung werden die NMR-Signale komplexer. Dabei handelt es sich um Wechselwirkungen, die zwischen einem betrachteten Proton und einem Nachbarproton auftreten, das drei (oder höchstens vier) Bindungen vom betrachteten Proton entfernt ist.

1. Definition

Wenn man ein Proton betrachtet, kommt es zur Wechselwirkung mit jedem der zwei Spinzustände $+1/2$ und $-1/2$ seiner sämtlichen Nachbarn. Hat das Proton ein benachbartes Proton, dann wird sein Signal durch die beiden Spinzustände dieses Nachbarprotons aufgespalten. Andererseits wird auch das Signal des benachbarten Protons durch Wechselwirkung mit dem betrachteten Proton aufgespalten:

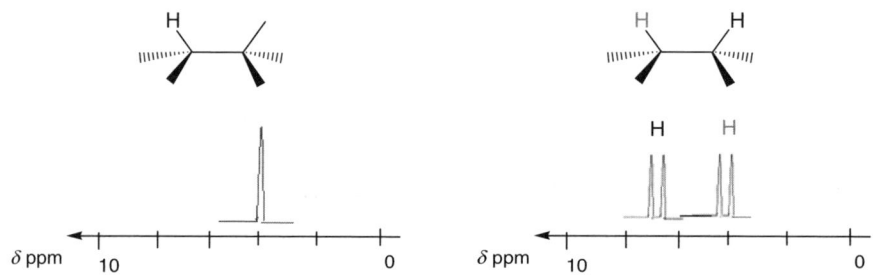

2. Pascalsches Dreieck

Man kann eine Beziehung formulieren, mit der sich die *Multiplizität m* eines Signals in Abhängigkeit von der Anzahl seiner Nachbarn und deren Spin berechnen lässt:

$$m = (2n\,I + 1)\,(2n'\,I' + 1)\dots$$

wobei n, $n'\dots$ = Anzahl der äquivalenten Nachbarn und I, $I'\dots$ = Spin der betrachteten Nachbarn.

Man sieht also, dass ein Proton auch mit anderen Kernen als Protonen koppeln kann, z. B. mit Fluor. Unter praktischen Gesichtspunkten vereinfacht sich diese Formel, wenn man es mit Molekülen zu tun hat, bei denen nur Kopplungen zwischen Protonen auftreten, die keine asymmetrisch substituierten C-Atome enthalten und die keine starre Konformation einnehmen. Damit ergibt sich für die Anzahl der Linien:

$$m = n + 1,$$

weil der Spin I des Protons 1/2 beträgt. Die Intensitäten der Linien eines Signals sind nicht zufällig, sondern lassen sich leicht am Pascalschen Dreieck ablesen:

Anzahl der Linien	Pascalsches Dreieck	Anzahl der Nachbarn
1	1	0
2	1 1	1
3	1 2 1	2
4	1 3 3 1	3
5	1 4 6 4 1	4
6	1 5 10 10 5 1	5

3. Die Signale

Der Abstand zwischen den Spitzen eines Signals heißt *Kopplung* und wird mit *J* angegeben. Man kann den Betrag der Kopplung zwischen den beiden Signalspitzen aus dem Spektrum ablesen. Er wird in Hertz (Hz) angegeben, da er einem Frequenzunterschied entspricht. Im Allgemeinen liegen die Beträge der Kopplungskonstanten für Kopplungen zwischen zwei Protonen in der Größenordnung von 1 bis 15 Hz.

Anzahl der Nachbarn		Signalform	Bezeichnung	Intensität der Peaks
$\overset{H}{\underset{|}{-C-}}$—CH	n = 1		Dublett	1 1
$\overset{H}{\underset{|}{-C-}}$—CH$_2$	n = 2		Triplett	1 2 1
$\overset{H}{\underset{|}{-C-}}$—CH$_3$	n = 3		Quartett	1 3 3 1
$H_2C-\overset{H}{\underset{|}{C}}-CH_2$	n = 4		Quintett	1 4 6 4 1
$H_2C-\overset{H}{\underset{|}{C}}-CH_3$	n = 5		Sextett	1 5 10 10 5 1

4. Beispiele für Kopplungen

Zur Orientierung werden nachstehend die Größenordnungen einiger Kopplungskonstanten angegeben:

geminale Kopplung   12–15 Hz   0–3 Hz

vicinale Kopplung   6–8 Hz   7–12 Hz   13–18 Hz

Worum es geht:
Chemische Verschiebung, Multiplizität, Integration, Äquivalenz

Mithilfe der magnetischen Kernresonanz gelingt es dem Chemiker nicht nur, die Struktur kleiner Moleküle zu bestätigen oder aufzuklären, sondern er erhält auch Informationen über ihre räumliche Anordnung (Stereochemie). Wie interpretiert man ein NMR-Spektrum?

1. Drei Typen von Informationen

Betrachten wir beispielsweise das NMR-Spektrum von Essigsäureethylester ($CH_3COOCH_2CH_3$):

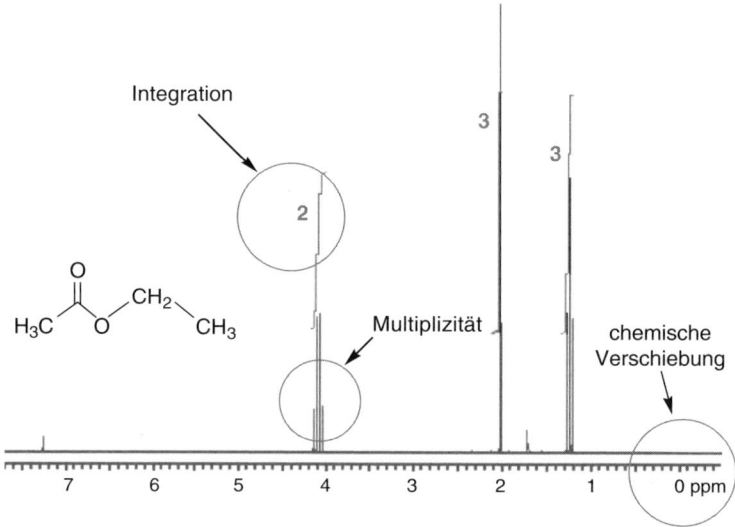

Bei der Analyse des Spektrums erkennt man verschiedene Signale (**Multiplizität der Signale**), die sich auf einer Skala von 0 bis 10 ppm (**chemische Verschiebung**) befinden und mit einer Zahl versehen sind, die der Anzahl der äquivalenten H-Atome (Protonen) entspricht (**Integration**); im Fall des Essigsäureethylesters sind dies die Zahlen 2 und 3. Mit diesen drei Informationen (Integration, Multiplizität und chemische Verschiebung) gelingt die Identifizierung aller einfachen Moleküle. Im Fall des Essigsäureethylesters beobachtet man:

- ein Triplett (Signal bestehend aus drei Linien), das bei 1,2 ppm erscheint und für drei Protonen steht. Es handelt sich um das CH_3 der Ethylgruppe.
- ein Singulett (Signal bestehend aus nur einer Linie), das bei 2 ppm erscheint und für drei Protonen steht. Es handelt sich um das CH_3 in α-Stellung zur C=O-Bindung.
- ein Quartett (Signal bestehend aus vier Linien), das bei 4,1 ppm erscheint und für zwei Protonen steht. Es handelt sich um CH_2.

Nehmen wir nun als Beispiel den Propansäuremethylester, der dieselbe Summenformel und dieselbe funktionelle Gruppe besitzt wie der Essigsäureethylester. Auch wenn die Multiplizitäten und die Integration der Signale noch dieselben sind, haben sich die chemischen Verschiebungen der Signale sehr stark verändert.

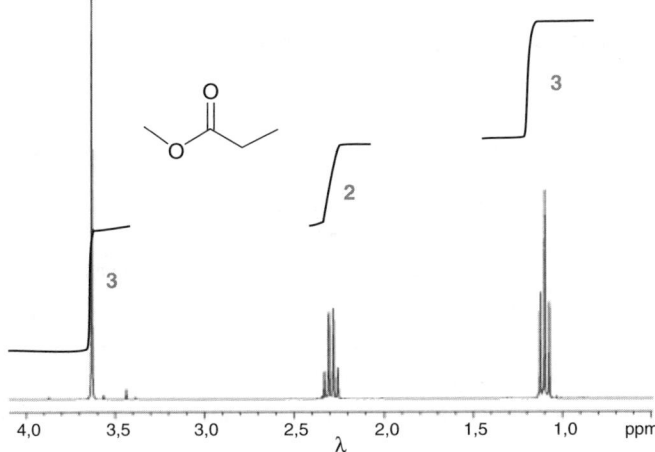

2. Äquivalenz

Um die Integration, d. h. die Anzahl von Protonen, die einem Signal entsprechen, nachvollziehen zu können, muss man den Begriff der Äquivalenz einführen. Es gibt:

- *Chemische Äquivalenz*: Chemisch äquivalente Protonen haben dieselbe chemische Umgebung.
- *Magnetische Äquivalenz*: Das Signal eines Protons hängt von den benachbarten Protonen ab. Damit zwei Protonen magnetisch äquivalent sind, müssen sie durch benachbarte Protonen in derselben Weise „gestört" werden, d. h. sie dürfen mit den Kernen einer Nachbargruppe nur eine Spin-Spin-Wechselwirkung haben. Im Allgemeinen sind Protonen, die an dasselbe C-Atom gebunden sind, äquivalent.

Befinden sich die betreffenden Protonen in der Nähe eines asymmetrisch substituierten Zentrums, sind sie nicht äquivalent.

$CH_3–CH_2–CH_2–OH$	vier Signale mit einem Intensitätsverhältnis von 3 : 2 : 2 : 1
$Cl–CH_2–CH_2–Cl$	ein Signal, das vier Protonen entspricht
$Cl–CH_2–CH_2–CH_2–Cl$	zwei Signale mit einem Intensitätsverhältnis von 4 : 2
$CH_2=CH–Cl$	drei Signale mit einem Intensitätsverhältnis von 1 : 1 : 1: Die drei Ethylen-Protonen sind verschieden, da sie unterschiedliche chemische Umgebungen haben

$$\begin{array}{ccc} Hb & & Hc \\ & \diagdown \!\!\!=\!\!\! \diagup & \\ Ha & & Cl \end{array}$$

$$H_3C–\underset{\underset{CH_3}{|}}{\overset{\overset{CH_3}{|}}{C}}—$$ 1 Signal, das 9 Protonen entspricht

2 Signale, die jeweils 2 Protonen entsprechen

1 Signal, das 5 Protonen entspricht

Ampholyt	chemische Verbindung, die gleichzeitig als Säure und als Base wirkt
Asymmetrie	Fehlen eines Symmetrieelements
Carbanion	geladenes Spezies mit freiem Elektronenpaar am C-Atom und negativer Ladung
Carbeniumion	geladene Spezies mit Elektronendefizit und positiver Ladung
Chiralität	Symmetrieeigenschaft von Atomen: keine Deckungsgleichheit mit ihrem Spiegelbild
Konfiguration	räumliche Anordnung von Atomen einer chemischen Substanz ohne Berücksichtigung von Drehungen um Einfachbindungen
Konformation	räumliche Anordnung von Atomen eines Moleküls, die sich lediglich durch die Drehungen um Einfachbindungen voneinander unterscheiden
Diastereoisomerie	Beziehung zwischen zwei Stereoisomeren, die keine Enantiomere sind
Enantiomere	Stereoisomere chemische Verbindungen, die sich wie Bild und Spiegelbild verhalten und nicht deckungsgleich sind
Epimere	Diastereoisomere, die sich nur durch die absolute Konfiguration an einem einzigen asymmetrisch substituierten Zentrum unterscheiden
Homologisierung	Verlängerung der Kohlenstoffkette
hydrophil	*wasserliebend;* ein Stoff wechselwirkt stark mit Wasser (oder anderen polaren Stoffen)
hydrophob	*wasserabstoßend;* Moleküle bzw. Teile von Molekülen die schlecht wasserlöslich (unpolar, elektrisch neutral) sind
Isomere	Verbindungen mit derselben Summenformel, die sich jedoch in der Verknüpfung oder der räumlichen Anordnung der Atome unterscheiden, und mit unterschiedlichen physikalischen oder chemischen Eigenschaften
lipophil	in Fetten und Ölen gut löslich
ppm	*parts per million,* „Teile von einer Million" (10^{-6})
Racemat	äquimolares Gemisch zweier Enantiomere
Radikal	Atome oder Moleküle mit mindestens einem ungepaarten Elektron
R, S	Symbole zur Benennung der absoluten Konfiguration stereogener Zentren
Regioselektivität	Eine Reaktion verläuft regioselektiv, wenn ein Reagenz von mehreren möglichen Regionen eine bestimmte Region in einem Molekül angreift.
Stereoselektivität	Eine Reaktion verläuft stereoselektiv, wenn bei einer chemischen Reaktion eines von mehreren möglichen Stereoisomeren bevorzugt gebildet wird.
Stereospezifität	Eine Reaktion verläuft stereospezifisch, wenn die Substrate, die sich nur durch ihre Konfiguration unterscheiden, in stereoisomere Produkte umgewandelt werden.
Stereoisomere	Isomere mit gleicher Struktur- und Summenformel, die sich nur durch die räumliche Anordnung ihrer Atome unterscheiden
Z, E	Symbole zur Benennung der Konfiguration einer Doppelbindung

 **Einige Nomenklaturregeln**

Um eine organische Verbindung korrekt zu benennen, müssen einige Nomenklaturregeln in einer bestimmten Reihenfolge (siehe unten) angewendet werden.

1. *Bestimmung der funktionellen Gruppe mit der höchsten Priorität* gemäß der Tabelle in Kapitel 6. Wenn die terminale funktionelle Gruppe (Aldehyde, Säuren, Ester, Amide, Acylchloride, Nitrile) ein C-Atom enthält, wird dem Kohlenstoff der ranghöchsten funktionellen Gruppe die Ziffer 1 zugeordnet.

2. *Bestimmung des Stammkohlenwasserstoffs*, wobei die folgenden Regeln der Reihenfolge nach angewendet werden müssen:
   a) die funktionelle Gruppe mit der höchsten Priorität
   b) die größtmögliche Anzahl von Mehrfachbindungen
   c) die längste Kohlenstoffkette
   d) die niedrigsten Ziffern für die funktionellen Gruppen mit der höchsten Priorität, dann für die Doppel-, dann für die Dreifachbindungen
   e) die größtmögliche Anzahl an Substituenten, die durch Präfixe benannt und in alphabetischer Reihenfolge angegeben werden

Weitere Regeln, die man kennen sollte

Die Ziffern der Positionen für die Substituenten ergeben sich aus der Nummerierung der C-Atome der Hauptkette. Lässt sich die Nummerierung in zwei Richtungen durchführen (wie z. B. bei den Alkanen), geht man, um die richtige Richtung zu finden, wie folgt vor:

- Alle erhaltenen Ziffern werden in aufsteigender Reihenfolge aufgeschrieben.
- Gewählt wird die Richtung, bei der der erste Unterschied in einem C-Atom zu einer niedrigeren Bezifferung führt (Achtung: Niemals die Summe der Ziffern vergleichen!).

Sind mehrere identische Substituenten vorhanden, verwendet man vervielfachende Präfixe: Di-, Tri-, Tetra- usw.

Halogenierte Substituenten werden wie Alkylgruppen behandelt.

A3 Tabelle der pK_a-Werte

Säure-Basen-Paar		pK_a-Wert
Säure	**Base**	
H–I	I$^-$	−10
H–Br	Br$^-$	−9
H–Cl	Cl$^-$	−7
H_3O^+	H_2O	−1,7
H–F	F$^-$	3,2
$ArNH_3^+$	$ArNH_2$	3–5
RCOOH	RCOO$^-$	4–5
NH_4^+	NH_3	9,2
ArOH	ArO$^-$	8–11
RNH_3^+	RNH_2	10–11
CH_3COH_2COOR	$CH_3COCHCOOR$ $\overset{\ominus}{}$	11
$C_2H_5OOCCH_2COOC_2H_5$	$C_2H_5OOCCHCOOC_2H_5$ $\overset{\ominus}{}$	13
H_2O	HO$^-$	15,7
		16
RCH_2OH	RCH_2O^-	16–18
RCH_2COR	$RCHCOR$ $\overset{\ominus}{}$	19–20
RCH_2COOR	$RCHCOOR$ $\overset{\ominus}{}$	24–25
RCH_2CN	$RCHCN$ $\overset{\ominus}{}$	25
R–C≡C–H	R–C≡C:$^\ominus$	25
H_2	H$^-$	35
NH_3	NH_2^-	36
R–H	R$^-$	46–51

Wellenlänge (in cm^{-1})	Bindung	Bande	Funktion
3300–3600	O–H	intensiv und breit	Alkohol, Phenol
3300	N–H	mittel	Amin, primär (zwei Banden) Amin, sekundär (eine Bande)
3300	C–H	intensiv und schmal	Alkin, terminal
3200–2900	O–H	sehr breit	Carbonsäure
3100–3000	C–H	mittel und schmal	Alken und Aren
2900–3000	C–H	intensiv	Alkan
2800–2700	C–H	mittel (eine oder zwei Banden)	Aldehyd
2250–2150	C≡C C≡N	variabel	Alkin Nitril
1800	C=O	sehr intensiv	Acylchlorid
1770–1750	C=O	sehr intensiv	Carbonsäure
1745–1725	C=O	sehr intensiv	Ester
1735–1715	C=O	sehr intensiv	Aldehyd
1720–1710	C=O	sehr intensiv	Keton
1700–1680	C=O	sehr intensiv	Amid
1650–1600	C=C	variabel	Alken
1600–1450	C=C	variabel (zwei oder drei Banden)	Aren
1300–1150	C–O	intensiv	Carbonsäuren Ester
770–730 710–690	C–H	intensiv	Aromat, monosubstituiert
770–735	C–H	intensiv	Aromat, *ortho*-disubstituiert
810–750 710–690	C–H	intensiv	Aromat, *meta*-disubstituiert
833–810	C–H	intensiv	Aromat, *para*-disubstituiert

Chemische Verschiebung δ (in ppm)	Chemische Umgebung
0	$(CH_3)_4Si$ (TMS)
≈1,2	$-CH_2-\overset{\textstyle\mid}{\underset{\textstyle\mid}{C}}-$
1–2	$-NH_2$
1–5	$-OH$
1,5–2	$CH_3-C=C$
2–2,4	$-CH_2-\langle\bigcirc\rangle$
2,4–3	$-C\equiv C-H$
2–2,5	$-CH_2-\overset{\textstyle O}{\overset{\|}{C}}-$
2,2–3,2	$-CH_2-N\langle$
3,5–4,2	$-CH_2-O$
3,4–4,4	$-CH_2-X$ (X = Halogen)
4,5–8	$H-C=C$
6,5–8	$H-\langle\bigcirc\rangle$
7–10	$HO-\langle\bigcirc\rangle$
9–10	$-CH=O$
9–12	$-COOH$

¹H-NMR-Daten einiger gebräuchlicher Lösungsmittel

Lösungsmittel	Formel	^{1}H-NMR Chemische Verschiebung (Multiplizität)
Aceton	$CH_3\text{-}\overset{\overset{O}{\|\|}}{C}\text{-}CH_3$	2,17 (s)
Benzol	(Benzolring)	7,36 (s)
Chloroform	$CHCl_3$	7,26 (s)
Cyclohexan	(Cyclohexanring)	1,43 (s)
Dichlormethan	CH_2Cl_2	5,20 (s)
Diethylether	$CH_3CH_2OCH_2CH_3$	1,21 (t) 3,48 (q)
Ethanol	CH_3CH_2OH	1,25 (t) 3,72 (q) 1,32 (s)
Essigsäureethylester	$CH_3COOH_2CH_3$	2,05 (s) 4,12 (q) 1,26 (t)
Methanol	CH_3OH	3,49 (s) 1,09 (s)
Toluol	$CH_3\text{-}$(Benzolring)	2,36 (s) 7,20 (s)

A6 Aldosen der D-Reihe

```
        CHO
    H —|— OH
       CH₂OH
```

D-Glycerinaldehyd

```
        CHO                          CHO
    H —|— OH                    HO —|— H
    H —|— OH                     H —|— OH
       CH₂OH                        CH₂OH
```

D-Erythrose   D-Threose

```
      CHO              CHO              CHO              CHO
  H —|— OH         HO —|— H         H —|— OH         HO —|— H
  H —|— OH          H —|— OH        HO —|— H         HO —|— H
  H —|— OH          H —|— OH         H —|— OH         H —|— OH
     CH₂OH             CH₂OH            CH₂OH            CH₂OH
```

D-Ribose   D-Arabinose   D-Xylose   D-Lyxose

```
   CHO        CHO        CHO        CHO        CHO        CHO        CHO        CHO
 H—OH      HO—H       H—OH      HO—H       H—OH      HO—H       H—OH      HO—H
 H—OH       H—OH      HO—H      HO—H       H—OH       H—OH      HO—H      HO—H
 H—OH       H—OH       H—OH      H—OH      HO—H      HO—H      HO—H      HO—H
 H—OH       H—OH       H—OH      H—OH       H—OH      H—OH       H—OH      H—OH
  CH₂OH      CH₂OH      CH₂OH     CH₂OH      CH₂OH      CH₂OH      CH₂OH     CH₂OH
```

D-Allose   D-Altrose   D-Glucose   D-Mannose   D-Gulose   D-Idose   D-Galactose   D-Talose

Name	Abkürzungen		Seitenkette R
Alanin	Ala	A	CH_3-
Arginin	Arg	R	$H_2N-C(=NH)-CH_2-CH_2-CH_2-$
Asparagin	Asn	N	$H_2N-C(=O)-CH_2-$
Asparaginsäure	Asp	D	$HOOC-CH_2-$
Cystein	Cys	C	$HS-CH_2-$
Glutamin	Gln	Q	$H_2N-C(=O)-CH_2-CH_2-$
Glutaminsäure	Glu	E	$HOOC-CH_2-CH_2-$
Glycin	Gly	G	H
Histidin	His	H	
Isoleucin	Ile	I	$CH_3-CH_2-CH(CH_3)-$
Leucin	Leu	L	$(CH_3)_2CH-CH_2-$
Lysin	Lys	K	$H_2N-CH_2-CH_2-CH_2-CH_2-$
Methionin	Met	M	$CH_3-S-CH_2-CH_2-$
Phenylalanin	Phe	F	$C_6H_5-CH_2-$
Serin	Ser	S	$HO-CH_2-$
Threonin	Thr	T	$CH_3-CH(OH)-$
Tryptophan	Trp	W	
Tyrosin	Tyr	Y	$HO-C_6H_4-CH_2-$
Valin	Val	V	$(CH_3)_2CH-$

Die 20. natürliche Aminosäure ist Prolin (Pro, P); seine Formel lautet:

Index